El secreto de los números

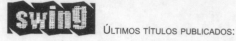

ÚLTIMOS TÍTULOS PUBLICADOS:

ROLLING STONES. Los viejos dioses nunca mueren, *Stephen Davis*
MOZART - Su vida y su obra, *Ramón Andrés*
EL LEGADO DE JESÚS, *David Zurdo y Ángel Gutiérrez*
LOS SECRETOS DEL PLACER, *Pierre y Marie Habert*
LA CONSPIRACIÓN DEL GRIAL, *Lynn Sholes y Joe Moore*
CÓMO PROLONGAR LA JUVENTUD, *Dr. Nicholas Perricone*
SINGLE STORY. 1001 noches sin sexo, *Suzanne Schlosberg*
AUNQUE TENGA MIEDO, HÁGALO IGUAL, *Susan Jeffers*
LA OTRA HISTORIA DE JESÚS, *Fida M. Hassnain*
LA ADIVINA DE ROMA, *Steven Saylor*
EL ARTE DEL MASAJE SENSUAL, *Dr. Andrew Yorke*
LOS GRANDES MISTERIOS DE LA HISTORIA, *Massimo Polidoro*
LA CONJURA BORGIA, *Fabio Pittorru*
LOS NOMBRES, *Emilio Salas*
PENSAMIENTO POSITIVO, *Vera Peiffer*
REGRESO A LA HABANA, *Jordi Sierra i Fabra*
FIDEL CASTRO, *Clive Foss*
LOS CHISTES DE CELTIBERIA, *Lucio Cañete*
EL DIARIO DE ELSA
EL LEGADO TEMPLARIO, *Juan G. Atienza*
LA FARMACÉUTICA, *Esparbec*
INTERPRETA TUS SUEÑOS, *Y. Soliah*
LA REBELIÓN DE GAIA, *Jorge Blaschke*
LO QUE EINSTEIN LE CONTÓ A SU BARBERO, *Robert L. Wolke*
MISTERIO EN LA TORRE EIFFEL, *Claude Izner*
LOS ERRORES DE LA HISTORIA, *Roger Rössing*
CÓMO MEJORAR TU VIDA SEXUAL, *Rachel Copelan*
EL ARTE DE SER MUJER, *Alicia Gallotti*
LA TENTACIÓN DEL TEMPLARIO, *Mary Reed McCall*
APRENDA A CONOCER LOS VINOS, *Victor André*
LOS MEJORES CHISTES CORTOS, *Samuel Red*
EL CURSO, *Juliet Hastings*
HISTORIAS CURIOSAS DE LA CIENCIA, *Cyril Aydon*
ASESINATO EN EL CEMENTERIO, *Claude Izner*
ENCICLOPEDIA DE LOS MITOS, *Nadia Julien*
ÁNGELES, *Malcolm Godwin*
LO QUE OCULTA LA HISTORIA, *Ed Rayner y Ron Stapley*
LOS PECADOS DEL PLACER, *Mary Reed McCall*
LAS CLAVES DE EL SECRETO, *Daniel Sévigny*
EL APÓSTOL DE SATÁN, *Dan Chartier*
SÉ POSITIVA, *Sue Patton Thoele*
EL SECRETO DE LOS NÚMEROS, *André Jouette*
ENCICLOPEDIA DE LOS SÍMBOLOS, *Udo Becker*

El secreto de los números
Juegos, enigmas y
curiosidades matemáticas

André Jouette

Traducción de Pedro Crespo

Título original: *Le Sécret des nombres*

© 1996, Éditions Albin Michel

© 2008, SWING

Diseño de cubierta: Jaime Fernández
Producción y compaginación: MC producció editorial
ISBN: 978-84-96746-37-4
Depósito legal: B-36.903-2008
Impreso por Litografia Rosés, S. A. - Energia 11-27 - 08850 Gavà (Barcelona)
Impreso en España - *Printed in Spain*

Índice

Introducción 9

Problemas y juegos 11

La ciencia de los números 13

Medidas y potencias 81

Éxitos y fracasos 113

El dinero 131

Pesos y velocidades 139

Astronomía 149

Constantes y medidas 165

La medida del tiempo 179

El género humano 209

Geometría 215

Entretenimientos 237

Anexos 261

Índice analítico 299

Bibliografía 309

Introducción

Todos sabemos contar. Ésta es la única ciencia que se pide a los lectores de este libro.

Las cifras marcan nuestra existencia: fechas, matrículas, direcciones, sueldos, loterías, etc. El propósito de este libro es esclarecer parcelas de la aritmética corriente, recordar fórmulas de uso común y, para avanzar sin esfuerzo entre estos números, presentar una serie de curiosidades matemáticas, pequeños problemas insólitos que cualquiera puede resolver (las soluciones se hallan al final) o hacer resolver a otros como entretenimiento.

Dada nuestra dependencia de los números, los charlatanes han especulado sobre su vertiente algo misteriosa. Advertimos de entrada a nuestros lectores que este libro nada tiene que ver con la numerología, trampa a menudo tendida a los ingenuos.

En cuanto a los juegos y problemas, diremos que el matemático griego Diofanto ya proponía algunos hace 1.600 años. Desde entonces, han sido muchos quienes, para facilitar la comprensión del cálculo, idearon enigmas de resolución entretenida por medio de las matemáticas. En 1484, Nicolás Chuquet, gran iniciador del álgebra en Francia, justificaba en uno de sus tratados la introducción de «juegos y entretenimientos que se hacen con la ciencia de los números». Estos pasatiempos, conocidos o nuevos, siempre deben algo a nombres tales como Ozanam, Fibonacci, Alcuino, Lucas, Laisant, Gamow, Gardner o Sam Lloyd.

Introduzcámonos seguidamente en el universo de los números.

Problemas y juegos

Con el fin de proporcionar algunos momentos de distracción entre tantos números, proponemos pequeños enigmas, llamados «problemas», que aparecen repartidos al azar a lo largo del libro, unas veces haciendo referencia a los temas tratados, otras sin relación alguna con ellos, a modo de divertimento.

Este libro, cuya materia pudiera resultar algo árida para aquellos que no estén familiarizados con las matemáticas, pretende ofrecer un aperitivo para facilitar la digestión del ágape.

Está permitido, por otra parte, echar un vistazo a las soluciones que aparecen al final del libro.

Además de los problemas, hemos incluido una serie de juegos, basados en números, para divertirse en grupo.

La ciencia de los números

Primero, numerar

> *«El hombre es la medida de todas las cosas.»*
>
> (Protágoras)

Nuestros antepasados sintieron la necesidad de contar y, a partir de los diez dedos de las manos, inventaron la numeración decimal. Algunos se quisieron pasar de listos y señalaron que tenemos veinte dedos; los de las manos y los pies. Complicaron la cuestión, pero la numeración vigesimal (base 20) no prosperó.

Se podrían establecer numeraciones distintas a la decimal (base 10) fundamentándose en otras bases. Así se escribirían los primeros números según diferentes sistemas de numeración:

Base 2	Base 3	Base 4	Base 5	Base 6	Base 7	Base 8	Base 9	**Base 10**	Base 11	Base 12	Base 13
0	0	0	0	0	0	0	0	**0**	0	0	0
1	1	1	1	1	1	1	1	**1**	1	1	1
10	2	2	2	2	2	2	2	**2**	2	2	2
11	10	3	3	3	3	3	3	**3**	3	3	3
100	11	10	4	4	4	4	4	**4**	4	4	4
101	12	11	10	5	5	5	5	**5**	5	5	5
110	20	12	11	10	6	6	6	**6**	6	6	6
111	21	13	12	11	10	7	7	**7**	7	7	7

Base 2	Base 3	Base 4	Base 5	Base 6	Base 7	Base 8	Base 9	**Base 10**	Base 11	Base 12	Base 13
1000	22	20	13	12	11	10	8	**8**	8	8	8
1001	100	21	14	13	12	11	10	**9**	9	9	9
1010	101	22	20	14	13	12	11	**10**	a	a	a
1011	102	23	21	15	14	13	12	**11**	10	b	b
1100	110	30	22	20	15	14	13	**12**	11	10	c
1101	11	31	23	21	16	15	14	**13**	12	11	10
1110	112	32	24	22	20	16	15	**14**	13	12	11
1111	120	33	20	23	21	17	16	**15**	14	13	12
10000	121	100	31	24	22	20	17	**16**	15	14	13
10001	122	101	32	25	23	21	18	**17**	16	15	14
10010	200	102	33	30	24	22	20	**18**	17	16	15
10011	201	103	34	31	25	23	21	**19**	18	17	16
10100	202	110	40	32	26	24	22	**20**	19	18	17
10101	210	111	41	33	30	25	23	**21**	1a	19	18
10110	211	112	42	34	31	26	24	**22**	20	1a	19
10111	212	113	43	35	32	27	25	**23**	21	1b	1a
11000	220	120	44	40	33	30	26	**24**	22	20	1b
11001	221	121	100	41	34	31	27	**25**	23	21	1c
11010	222	122	101	42	35	32	28	**26**	24	22	20
11011	1000	123	102	43	36	33	30	**27**	25	23	21

La escritura de los números en las bases superiores a 10 requeriría la creación de nuevos símbolos: los hemos sustituido por letras. Cuanto mayor es la base, menos signos (cifras o dígitos) necesitamos para escribir un número. Tomemos el ejemplo del número **1.000**.

En	se escribiría
base 2 (sistema binario)	1 111 101 000
base 3 (sistema ternario)	1 101 001
base 4 (sistema cuaternario)	33 220
base 5 (sistema quinario)	13 000

base 6 (sistema senario)	4 344
base 7 (sistema septenario)	2 626
base 8 (sistema octonario)	1 750
base 9 (sistema nonario)	1 331
base 10 (sistema decimal)	1 000
base 11 (sistema undecimal)	82a
base 12 (sistema duodecimal)	6b4

Acerca de algunos sistemas

I. **El sistema duodecimal** ofrecería ciertas ventajas, ya que 12 tiene un mayor número de divisores que 10. Pero no podemos abandonar el sistema decimal ya que está universalmente adoptado.

II. **El sistema sexagesimal** (base 60), que fue desarrollado por la civilización mesopotámica, se sigue utilizando para medir el tiempo y los ángulos.

Si decimos, por ejemplo, 7 horas, 15 minutos y 8 segundos (que lógicamente podría escribirse 7, 15, 8), ello significa en segundos:

$(7 \times 60^2) 1 (15 \times 60^1) + 8 = 25.200 + 900 + 8 = 26.108$
Es decir, hay 26.108 segundos en 7 h 15 min 8 s.

III. **La numeración binaria** (base 2) fue una idea muy antigua. Diderot nos recuerda que el libro *Ye-Kim*, escrito en China aproximadamente 25 siglos a. C., trataba ya de la aritmética binaria. En el siglo XVII, Leibniz la propuso sin éxito. No hallaría su aplicación hasta la aparición de la electrónica. Basada en la progresión más corta, sólo necesita dos cifras (0 y 1). Se empezó a utilizar en las *fichas perforadas* de ordenador. Cada ficha podía contener ochenta datos con el siguiente código: 0 para la falta de perforación, 1 para la perforación. En las memorias magnéticas en forma de toro, la información es suministrada por el sentido de la corriente que lo atraviesa: en el sentido inverso a las agujas del reloj es 0; en el sentido de las agujas del reloj es 1. Finalmente, en los *transistores* actuales la ausencia de corriente significa 0 y el paso de corriente significa 1.

El sistema binario se basa en la siguiente propiedad: cualquier número es la suma de las potencias de 2.

(La potencia 0 de un número es siempre igual a 1.)

Ejemplo: $7^0 = 1$

1°) Cómo convertir el número binario 1 101 101 al sistema decimal

Respuesta: descomponer de derecha a izquierda

$$
\begin{aligned}
1 = 1 \times 2^0 &= \quad 1 \\
0 = 0 \times 2^1 &= \quad 0 \\
1 = 1 \times 2^2 &= \quad 4 \\
1 = 1 \times 2^3 &= \quad 8 \\
0 = 0 \times 2^4 &= \quad 0 \\
1 = 1 \times 2^5 &= \quad 32 \\
1 = 1 \times 2^6 &= \quad 64 \\
\hline
\text{Total} & \quad \mathbf{109}
\end{aligned}
$$

Ejemplo similar: Convertir a base decimal un número expresado en otra base.

Convertir a base decimal el número 374 (de base 8).

Respuesta: el número 374 de base 8 contiene (de derecha a izquierda):

$$
\begin{aligned}
4 \text{ unidades} &= \quad 4 \\
7 \text{ veces } 8^1 &= \quad 56 \\
3 \text{ veces } 8^2 &= \quad 192 \\
\hline
\text{Total} &= \quad 252
\end{aligned}
$$

2º) Cómo convertir el número 315 del sistema decimal al sistema binario

Respuesta: buscar la mayor potencia de 2 contenida en 315 (ver página 94).

- Es 2^8, que vale 256. Restémosla. Queda 59.
  Así: $315 = 2^8 + 59$
- La mayor potencia de 2 contenida en 59 es 2^5 (que vale 32).
  Restada, queda 27.
  Así: $315 = 2^8 + 2^5 + 27$
- La mayor potencia de 2 contenida en 27 es 2^4 (que vale 16).
  Si la restamos, queda 11.
  Así: $315 = 2^8 + 2^5 + 2^4 + 11$
- La mayor potencia de 2 contenida en 11 es 2^3 (que vale 8).
  Restada, queda 3.
  Así: $315 = 2^8 + 2^5 + 2^4 + 2^3 + 3$
- La mayor potencia de 2 contenida en 3 es 2^1 (que vale 2).
  Restada, queda 1, que es igual a 2^0.
  Así: $315 = 2^8 + 2^5 + 2^4 + 2^3 + 2^1 + 2^0$

La transcripción se hará del siguiente modo (las potencias que faltan valen 0):

2^8	2^7	2^6	2^5	2^4	2^3	2^2	2^1	2^0
1	0	0	1	1	1	0	1	1

o sea: 100 111 011

Existe un procedimiento más rápido para transformar un número del sistema decimal a otro sistema. Consiste en dividir un número dado por la nueva base tantas veces como sea posible y reunir los restos empezando por el final.

El procedimiento resulta de la siguiente manera:

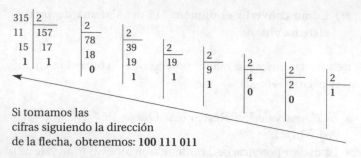

Si tomamos las
cifras siguiendo la dirección
de la flecha, obtenemos: **100 111 011**

Ejemplo similar: Escribir en base 8 el número 924 de nuestro sistema de numeración decimal.

Respuesta:

924	8						
12	115		8			
44	35		14		8	
4	3		6		1	

Este número se escribe **1634** en el sistema de base 8.

Observaremos que:

nuestros números			se escriben en el sistema binario
2^1	o	2	10
2^2	o	4	100
2^3	o	8	1 000
2^4	o	16	10 000
2^5	o	32	100 000
2^6	o	64	1 000 000
2^7	o	128	10 000 000
2^8	o	256	100 000 000
etc.			

También podemos observar que en el sistema binario los números pares terminan en 0 y los impares en 1.

Juego: a la caza del 100

Se trata de un juego para dos jugadores. Uno de ellos anuncia un número del 1 al 10. El juego consiste en ir sumando por turnos un número del 1 al 10 y gana el primero que llega a 100.

Ejemplo: A dice: 7
B dice: más 6 = 13
A dice: más 9 = 22
B dice: más 3 = 25
y así sucesivamente hasta 100.

El jugador que llega a 89 tiene la partida ganada.

Para ello hay que llegar en lo posible a 78 y, antes, a 67, a 56, a 45, a 34, a 23, a 12.

El jugador que sabe esto ganará la partida. Le corresponde a él, por tanto, llegar a uno de esos números para obtener la victoria.

El número más grande

En el siglo XIX, exploradores de Namibia descubrieron unas tribus hotentotes cuyo sistema aritmético consistía en enumerar: 1, 2, 3. A partir de ahí era: mucho.

Se ha observado el mismo sistema de numeración entre los yancos de la Amazonia y los temiarios de la Melanesia occidental.

Alfabeto binario

Las letras de nuestro alfabeto latino pueden expresarse en cifras de base dos:

A	01000001	L	01001100	W	01010111
B	01000010	M	01001101	X	01011000
C	01000011	N	01001110	Y	01011001
D	01000100	O	01001111	Z	01011010
E	01000101	P	01010000		
F	01000110	Q	01010001		
G	01000111	R	01010010		
H	01001000	S	01010011		
I	01001001	T	01010100		
J	01001010	U	01010101		
K	01001011	V	01010110		

Los cosmonautas usan este sistema para enviarnos los mensajes desde el espacio.

El cero y nuestras cifras

El **cero** (que significa *nada*) es una invención genial, ya que se trata de un valor de posición. Escribir 503 significa que hay centenas, ninguna decena y unidades. Durante mucho tiempo se ignoró el uso del cero. Bajo el reinado de Hammurabi, los matemáticos de Babilonia reservaban un espacio al lugar sin-dígito, lo que creaba cierta ambigüedad cuando este vacío era más o menos grande. El cero apareció en su forma actual (un círculo vacío) entre los mayas y en la India, probablemente antes de Jesucristo. Aryabhata, matemático de la India, lo empleaba en el siglo V. El matemático árabe Al-Khwarezmi lo difundió en el 825, en su tratado sobre los números hindúes.

Nuestras **cifras,** llamadas *arábigas* (que los árabes llaman más propiamente *hindúes*), fueron introducidas en Europa Occidental a finales del siglo X por el papa Silvestre II. Su uso se difundió por Italia y España, y luego por todo Occidente entre los siglos XII y XIV.

La **coma** que separa los enteros de los decimales apareció por primera vez en 1617 en el tratado escrito por el escocés

Napier (llamado Neper), el inventor de los logaritmos. Pronto fue adoptada por el astrónomo W. Snell van Royen.

Problema 1: situar en cruz

Esta cruz se ha hecho con 12 fichas del juego de damas.

Si contamos las fichas de A a B o de A a C, o de A a D, siempre hallamos un total de 8.

¿Se puede hacer una cruz con 10 fichas en la que los trayectos AB, AC y AD sumen también 8?

Numeración según la XIX Conferencia General de Pesos y Medidas (Octubre de 1991)

1. La denominación de los grandes números

Prefijo	Nombre	Valor		
	unidad	1		
deca (da)	decena	10		
hecto (h)	centena	10^2		
kilo (k)	millar	10^3		
(miria)	decena de millar	10^4		
(hectokilo)	centena de millar	10^5		
mega (M)	millón	10^6	a	10^8
giga (G)	millardo (mil millones)	10^9	a	10^{11}
tera (T)	billón	10^{12}	a	10^{14}
peta (P)		10^{15}	a	10^{17}
exa (E)	trillón	10^{18}	a	10^{20}

Prefijo	Nombre	Valor
zetta (Z)		10^{21} a 10^{23}
yotta (Y)	cuatrillón	10^{24} a 10^{29}
	quintillón	10^{30} a 10^{35}
	sextillón	10^{36} a 10^{41}
	septillón	10^{42} a 10^{47}
	octillón	10^{48} a 10^{53}
	nonillón	10^{54} a 10^{59}
	decillón	10^{60} a 10^{65}
	undecillón	10^{66} a 10^{71}
	duodecillón	10^{72} a 10^{77}
	...	

Cada categoría multiplicada por un millón nos proporciona la siguiente.

La potencia de 10 nos indica el número de ceros que debemos añadir a la cifra 1 para formar el número: así, $10^8 = 100.000.000$.

Ejemplo:

1.000.000.000.000.000.000.000 = mil trillones o 10^{21}

Si se trata de una medida:

mil trillones de m = 1.000 exámetros = 1.000 Em

El matemático estadounidense Edward Kasner señaló que no existía término alguno en la tabla numérica para designar *10 elevado a 100*; así pues, creó el neologismo GOOGOL. Según Kasner, la invención de esta palabra se debe a su sobrino de nueve años.

Durante siglos la humanidad careció de este término. ¡No se podía tolerar!

***

En realidad, para nosotros, no hay nada que equivalga a un googol (10^{100}):

- ni el número de pelos en las cabezas de toda la población mundial: $(125.000 \times 5.600.000.000 = 700.000.000.000.000$ o $7 \cdot 10^{14})$;
- ni el número de estrellas en el firmamento (unos 200 millardos o $2 \cdot 10^{11}$ en nuestra galaxia).
- ni el número de veces que la Tierra ha girado sobre sí misma desde que existe: $(365,25 \times 4.600.000.000 = = 1.680.150.000.000$ o $1,68015 \cdot 10^{12})$, suponiendo que la rotación fuera regular.
- ni el número de granos de arena sobre el Sáhara, suponiendo que sus 8 millones de km^2 estuvieran cubiertos de arena; incluso si hubiera 2 millardos de granos por m^2, habría:
  $2.000.000.000 \times 8.000.000.000.000 =$
  $16.000.000.000.000.000.000.000$ o $16 \cdot 10^{21}$.

En resumen, nada susceptible de ser contado por el hombre llega al googol.

2. La denominación de los pequeños números

Si nos referimos a las partes de la unidad, tenemos:

Prefijo	Nombre	Valor		
deci (d)	décima	0,1	o	10^{-1}
centi (c)	centésima	0,01	o	10^{-2}
mili (m)	milésima	0,001	o	10^{-3}
	diezmilésima	0,0001	o	10^{-4}
	cienmilésima			10^{-5}
micro	millonésima			10^{-6}
	diezmillonésima			10^{-7}
	cienmillonésima	10^{-8}		
nano (n)	milmillonésima	10^{-9}	a	10^{-11}
pico (p)	billonésima	10^{-12}	a	10^{-14}

Prefijo	Nombre	Valor		
femto (f)	milbillonésima	10^{-15}	a	10^{-17}
atto (a)	trillonésima	10^{-18}	a	10^{-20}
zepto (z)	miltrillonésima	10^{-21}	a	10^{-23}
octo (y)	cuatrillonésima	10^{-24}	a	10^{-29}
	quintillonésima	10^{-30}	a	10^{-35}
	...			

La potencia negativa de 10 indica la posición del 1 después de la coma:

$$10^{-6} = 0,000001$$

Ejemplo de empleo:
0,00000000000001 = cienbillonésima = 10^{-14}
Si se trata de una medida:
una cienbillonésima de m = 0,01 picómetros o 0,01 pm

VÍA PÚBLICA

Para simplificar, todo se puede numerar. El 8 de diciembre de 1771, Diderot envió una carta a la siguiente dirección:

para el Señor Tronchin,
calle de Antin 3ª puerta de la cochera
a la izquierda entrando por la
calle Neuve des Petits-Champs
en París

Por un decreto del 15 pluvioso del año XIII (4 de febrero de 1805), el prefecto Frochot implantó la numeración de las casas de París: los pares a la derecha, los impares a la izquierda, siguiendo el curso del Sena, incluso en el caso de la calle Eugène-Poubelle, que sólo tiene un nº 2 con un inmueble y una acera (no existe el nº 1). Sin embargo, esta calle no es la más corta de París (la calle Degrés tiene una longitud de 5,75 m) ni la más estrecha (el pasaje de la Duée mide 60 cm de ancho).

Orden de los números según el sistema decimal

...

10^{16}	diez mil billones
10^{15}	mil billones
10^{14}	centenas de billones
10^{13}	decenas de billones
10^{12}	billones
10^{11}	centenas de millardos
10^{10}	decenas de millardos
10^{9}	millardos
10^{8}	centenas de millones
10^{7}	decenas de millones
10^{6}	millones
10^{5}	centenas de millares
10^{4}	decenas de millares
10^{3}	millares
10^{2}	centenas
10^{1}	decenas
1	**unidades**

10^{-1}	décimas
10^{-2}	centésimas
10^{-3}	milésimas
10^{-4}	diezmilésimas
10^{-5}	cienmilésimas
10^{-6}	millonésimas
10^{-7}	diezmillonésimas
10^{-8}	cienmillonésimas
10^{-9}	milmillonésimas
10^{-10}	diezmilmillonésimas
10^{-11}	cienmilmillonésimas
10^{-12}	billonésimas
10^{-13}	diezbillonésimas
10^{-14}	cienbillonésima
10^{-15}	diezbillonésima
10^{-16}	diezmilbillonésima
	...

Juego: el Toc-Bum

Consiste en contar en voz alta partiendo del número 1 y teniendo presente que:

el 5 debe sustituirse por la palabra *toc*,

el 7 debe sustituirse por la palabra *bum*, siempre que sea posible en la numeración.

Gana el jugador que llega al número más alto sin equivocarse.

El juego se iniciaría así: 1, 2, 3, 4, toc, 6, bum, 8, 9, toc toc, 11, toc bum, 13,…

Para contar con el *toc-bum* se hace del siguiente modo:

1	11	b b b
2	t b	t t t b
3	13	23
4	b b	t t b b
toc	t t t	t t t t t
6	16	b b b t
bum	t t b	t t t t b
8	18	b b b b
9	t b b	t t t b b
toc toc	t t t t	t t t t t…

A partir del 24, todos los números, hasta el infinito, son combinaciones de 5, 7, o de 5 y 7.

Así: 93 5 (5 × 13) 1 (7 × 4)

«En el cielo se ven miles de millones de estrellas.» «Miríadas de peces pueblan los océanos»: así se hacía referencia antaño a los grandes números. Ahora sabemos que:

cien por cien = diez mil (4 ceros)
mil por mil = un millón (6 ceros)
mil millones = un millardo (9 ceros),
un millón de millones = un billón (12 ceros)
y que un millón de billones = un trillón (18 ceros).

Los números romanos

La notación romana, de concepción bastante simple, se basó en un principio en palos del 1 al 9 (I, II, III, etc.). Dos palos cruzados representaban el 10 y como 5 es la mitad de 10, esta cifra se expresaba con V. Posteriormente se emplearon otros signos-letras, con variantes según el lugar y la época. Estas cifras romanas fueron usadas por los pueblos de Europa Occidental hasta la introducción de los números llamados arábigos. En nuestros días se sigue utilizando la numeración romana (Felipe II, capítulo II, siglo XX, ...) de la siguiente forma:

I	V	X	L	C	D	M
1	5	10	50	100	500	1.000

Un trazo horizontal encima de una letra la multiplica por 1.000:

$$\overline{V} = 5.000 \quad \overline{M} = 1.000.000.$$

a) Para leer o escribir números en cifras romanas se procede por *adición* (cuando una letra es superior o igual a la siguiente):

$$VI = 6 \qquad XX = 20 \qquad DII = 502$$

y por *sustracción* (cuando una letra es inferior a la siguiente):

$$IV = 4 \qquad XC = 90 \qquad XM = 990$$

El elemento que se resta sólo afecta a la letra que le sigue inmediatamente.

b) Para transcribir un número de cifras arábigas en cifras romanas, basta con descomponer el número:

$$17 = 10 + 7$$
$$X + VII, \text{ o sea } XVII$$
$$439 = 400 + 30 + 9$$
$$CD + XXX + IX, \text{ o sea } CDXXXIX$$

$$1.984 = 1.000 + 900 + 80 + 4$$
$$M + CM + LXXX + IV, \text{ o sea MCMLXXXIV}$$

El número 45.362.610 se escribe $\overline{\text{XLV}}\ \overline{\text{CCCLXII}}$ DCX.
Siempre hay que simplificar. Así, para escribir el número 900 es preferible CM a DCCCC.
Suma romana: MCMXCII + VIII = MM
Equivalencia arábigorromana: 509 = DIX.

Problema 2: el Papívoro

Las obras completas de un autor han sido reunidas en 5 tomos de 400 páginas cada uno. Estos libros están cuidadosamente colocados por orden en la estantería superior de la biblioteca, pero su propietario nunca los lee.

Un día, la asistenta, que está limpiando el polvo, se da cuenta de que un lepisma (pequeño insecto alargado cubierto de escamas plateadas, llamado «pececillo de plata», y comedor de papel) ha excavado un túnel desde la página 1 hasta 2.000. Al alertar al propietario, éste exclama:

—¡Así que ha estropeado 2.000 páginas!

—¡Oh! No, señor, no tantas.

—Entonces ¿cuántas?

¿Qué es un millardo?

Ante las dudas e imprecisiones que se daban en el uso de los términos «milliard» y «billion», la Academia Francesa determinó en 1947 que «billion» se reservaría para designar el millón de millones, y que «milliard» correspondería a los mil millones.

Hacía más de un siglo que el idioma inglés había incorporado dichos términos; en el inglés americano, «billion» terminó designando el millar de millones, imponiéndose ese uso al inglés británico.

En 1994 la Real Academia Española de la Lengua admitió la palabra «millardo» para designar mil millones (10^9). De uso todavía poco frecuente, damos algunos ejemplos para comprender su verdadero alcance:

- Un día tiene 1.440 minutos y un año 525.960 minutos. Así, transcurrieron un millardo de minutos desde la muerte de Cristo hasta 1934.

- Si quisiéramos contar hasta un millardo, a razón de 10 horas diarias, todos los días del año (incluidos los festivos), al ritmo de un número por segundo (algo fácil al principio, pero que se complica cuando llegamos, por ejemplo, a quinientos ochenta y siete millones cuatrocientos setenta y tres mil trescientas noventa y ocho), terminaríamos al cabo de 77 años. Es mejor empezar desde muy joven...

- Para que nos sirva de consuelo, diremos que nuestro corazón, a 70 pulsaciones por minuto, tarda 27 años y 2 meses en llegar al millardo.

Problema 3: deducción

Cada uno de los tres términos de la resta que aparece a continuación contiene las diez unidades del 0 al 9:

$$9.876.543.210$$
$$- 0.123.456.789$$

$$9.753.086.421$$

¿Sabrías hacer otra resta que contenga en cada término las nueve cifras del 1 al 9?

Recordatorio aritmético

Las operaciones

Suma $a + b$
Diferencia $a - b$
Producto $a \times b$, o $a \cdot b$, o ab o $a(b)$

Cociente $a : b$, o $\dfrac{a}{b}$, o a/b

Cuadrado $a \times a$, o a^2
Cubo $a \times a \times a$, o a^3

- Un **número muy grande** puede escribirse bajo la forma de $N \cdot 10^x$, lo que significa $N \times 10^x$ (siendo x el número de ceros que deben añadirse a N para formar el número).

   Ejemplos: $7 \cdot 10^5 = 7 \times 10^5 = 7 \times 100.000 = 700.000$.
   $3,42 \cdot 10^8 = 3,42 \times 10^8 = 342.000.000$.

   La superficie de la Tierra es de unos $5,1 \cdot 10^{20}$ mm^2.

- Igualmente, un **número muy pequeño** se escribe a veces bajo la forma $N \cdot 10^{-x}$

   Ejemplos: $5 \cdot 10^{-4} = 5 \times 10^{-4} = 0,0005$
   $0,6 \cdot 10^{-8} = 0,6 \times 10^{-8} = 0,6 \times 0,00000001 = 0,000000006$.

   El diámetro de un electrón es de $4 \cdot 10^{-12}$ mm.

Juego: averiguar la edad
: : : : :
Leibniz demostró que todo se podía pesar (con excepción de los pesos fraccionarios) usando una serie de pesas de forma que cada una de ellas pese el doble de la anterior.

En la serie 1 a n, se pueden obtener los números de 1 a $2n - 1$. Por ejemplo, con 1, 2, 4, 8, 16, 32, 64, 128, podemos obtener, sumándolos, todos los números de 1 a $(128 \times 2) - 1$, es decir, de 1 a 255.

La siguiente serie se basa en dicho principio, que puede servir para averiguar, por ejemplo, la edad de una persona (o un número del 1 al 100). Basta con preguntar a la persona en qué columnas de la tabla se indica su edad.

Se averigua la edad sumando los números situados en la cabecera de las columnas indicadas. Por ejemplo, para una persona que tenga cuarenta y cinco años, las columnas son la 1ª, la 3ª, la 4ª y la 6ª.

Sumando, obtenemos:

$1 + 4 + 8 + 32 = 45$.

1	2	4	8	16	32	64
3	3	5	9	17	33	65
5	6	6	10	18	34	66
7	7	7	11	19	35	67
9	10	12	12	20	36	68
11	11	13	13	21	37	69
13	14	14	14	22	38	70
15	15	15	15	23	39	71
17	18	20	24	24	40	72
19	19	21	25	25	41	73
21	22	22	26	26	42	74
23	23	23	27	27	43	75
25	26	28	28	28	44	76
27	27	29	29	29	45	77
29	30	30	30	30	46	78
31	31	31	31	31	47	79
33	34	36	40	48	48	80
35	35	37	41	49	49	81

37	38	38	42	50	50	82
39	39	39	43	51	51	83
41	42	44	44	52	52	84
43	43	45	45	53	53	85
45	46	46	46	54	54	86
47	47	47	47	55	55	87
49	50	52	56	56	56	88
51	51	53	57	57	57	89
53	54	54	58	58	58	90
55	55	55	59	59	59	91
57	58	60	60	60	60	92
59	59	61	61	61	61	93
61	62	62	62	62	62	94
63	63	63	63	63	63	95
65	66	68	72	80	96	96
67	67	69	73	81	97	97
69	70	70	74	82	98	98
71	71	71	75	83	99	99
73	74	76	76	84	100	100
73	75	77	77	85		
77	78	78	78	86		
79	79	79	79	87		
81	82	84	88	88		
83	83	85	89	89		
85	86	86	90	90		
87	87	87	91	91		
89	90	92	92	92		
91	91	93	93	93		
93	94	94	94	94		
95	95	95	95	95		
97	98	100				
99	99					

QUIROMANCIA

Tras examinar las líneas de la mano izquierda de una persona, dile que restando del año de su nacimiento la suma de las cifras de este año, obtendremos un número divisible por 9.

Siempre tendrás razón: no importan ni las líneas de la mano ni el año de nacimiento.

Un gran número

En la religión budista, el mayor número de todos recibe el nombre de *asankhyeya*.

Equivale, en nuestra numeración, a 10^{140}.

Juego: profecía de un mago

Un mago escribe un número en un papel, lo dobla y lo entrega a un espectador, que no debe abrirlo.

Seguidamente, escribe un número de 4 cifras delante de todos, pide a un espectador que añada cualquier otro número de 4 cifras. El mago añade otro, el espectador otro, el mago uno más y detiene el juego para sumar todos estos números. Hallado el total, se abre el primer papel: ¡aparece el mismo resultado!

Explicación

En el papel doblado, el mago escribe, por ejemplo, el número 26.473. Mentalmente suprime el primer 2 y lo suma a las unidades, con lo que obtiene 6.475. Éste es el número que utiliza para iniciar la suma con el espectador.

Éste añade otro número de 4 cifras. Por ejemplo 8.523. El mago añade un número elegido aparentemente al azar, pero en realidad completa hasta 9 las 4 cifras del espectador (sin decirlo). La suma resultante es:

6.475 (mago)
8.523 (espectador)
1.476 (mago)

La operación se repite de la misma forma. Obtenemos:

6.475
8.523
1.476
3.914 (espectador)
6.085 (mago)

En este punto, el mago traza una línea horizontal y hace una suma. Ésta da 26.473.
Se abre el papel doblado y aparece 26.473.

Comentario

El número inicial empieza con un 2, lo que obliga a efectuar una suma de 5 números (1 número inicial + 2 pares de números).

Si el número oculto empezara con un 3, bastaría con hacer una suma de 1 + 3 pares = 7 números. Y así sucesivamente. Todos los números deben tener 4 cifras.

El truco consiste en que cada par de números (espectador + mago) sumen 9.999. Con la unidad añadida al principio, obtenemos 10.000 cada vez, lo que explica el 2 de las decenas de millar del total.

Juego: profecía de un espectador

Se trata de una variante del juego anterior.
Se le pide a un espectador que escriba un número de 3 cifras. Supongamos que es el 437.

Mentalmente el mago elimina la primera cifra (4) y la suma al resto del número (37 + 4 = 41). Ante el público escribe el 41. Dado que la primera cifra de 437 es 4, tendrá que hacer una suma de 1 + 4 pares = 9 números en total. Supongamos:

$$41$$
$$28$$
$$71$$
$$43$$
$$56$$
$$78$$
$$21$$
$$57$$
$$\underline{42}$$
$$437$$

Este juego se desarrolla como el anterior: el mago completa hasta 9 cada cifra escrita por el espectador, con lo que cada par de números vale 99.

¡La suma da el mismo número escrito por el espectador al principio del juego!

Sumar y restar

Fórmulas útiles	Ejemplos
Agregando la suma de dos números y su diferencia, se obtiene el doble del número mayor: $(a + b) + (a - b) = 2a$	$(12 + 5) + (12 - 5) = 24$
Restando la suma de dos números y su diferencia, se obtiene el doble del número menor: $(a + b) - (a - b) = 2b$	$(12 + 5) - (12 - 5) = 10$

Fórmulas útiles	Ejemplos
Suma de los n primeros números: $\dfrac{n(n+1)}{2} = S$ u otra fórmula: $n^2 - \dfrac{n(n-1)}{2} = S$	Suma de los primeros 32 números: $\dfrac{32 \times 33}{2} = 528$ $1.024 - \dfrac{32 \times 31}{2} = 528$
Suma de los números comprendidos entre n_1 y n_2 (incluidos ambos números): $\left(\dfrac{n_1 + n_2}{2}\right)[n_2 - (n_1 - 1)] = S$	Suma de los números de 11 a 32: $\dfrac{11 + 32}{2}(32 - 10) = 473$

Para los que no estén familiarizados con las fórmulas matemáticas, recordemos que dos términos (letras o grupos de letras y cifras) situados unos junto a otros deben multiplicarse entre sí:

$$ab = a \times b$$
$$a^2(b-c) = a^2 \times (b-c).$$

Problema 4: la cuenta, por favor

¿Cómo obtener 1.000 mediante una suma en la que sólo intervengan números 8?

Problema 5: del 1 al 100 con dos signos

¿Cómo obtener un total de 100 utilizando todas las cifras del 1 al 9 siguiendo su orden correlativo y empleando sólo los signos + y − (este último signo no debe colocarse delante del primer número)?

Solución: $12 - 3 - 4 + 5 - 6 + 7 + 89 = 100$

Existen otras 10 soluciones posibles. Halla una de ellas.

Problema 6: de 9 a 100

¿Cómo obtener un total de 100 empleando todas las cifras del 9 al 1 en las mismas condiciones que en el problema anterior?
Solución: $9 - 8 + 7 + 65 + 32 - 1 = 100$.
Existen otras 14 soluciones posibles. Halla otra.

Problema 7: de la suma a la resta

En las dos sumas siguientes se utilizan las nueve cifras (del 1 al 9):

318	129
+ 654	+ 438
972	567

¿Sabrías hallar una resta que tuviera la misma propiedad?

Los cuadrados mágicos

A continuación presentamos un tema de la aritmética que no sirve para nada. El cuadrado mágico es un entretenimiento, una curiosidad que consiste en reunir números en un cuadrado establecido para obtener sumas iguales. El más sencillo de ellos es de orden 3.

2	9	4
7	5	3
6	1	8

En él se utilizan las nueve primeras cifras. La suma de los números de cada fila, cada columna y de cada diagonal da 15.

Sólo existe un cuadrado mágico de orden 3. Los demás se basan en la rotación o en la simetría. El más famoso de los cuadrados mágicos es el que aparece en la estampa llamada *Melancholia* pintada por el grabador Durero.

La suma de las filas, las columnas y las diagonales da 34. Además, la suma de los cuatro números centrales también da 34. Y las dos casillas centrales de la fila inferior contienen la fecha en que la obra fue realizada: 1514.

16	3	2	13
5	10	11	8
9	6	7	12
4	15	14	1

Los dieciséis primeros números pueden disponerse de diferentes formas. Por ejemplo:

Frenicle* demostró que podrían existir 878 combinaciones posibles para hacer un cuadrado de tales características, de orden 4, con los primeros dieciséis números.

1	16	11	6
13	4	7	10
8	9	14	3
12	5	2	15

He aquí un cuadrado de orden 4 y suma 34 en el que se han dispuesto los elementos siguiendo un recorrido determinado:

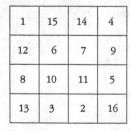
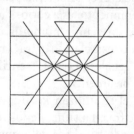

1	15	14	4
12	6	7	9
8	10	11	5
13	3	2	16

---

* Bernard Frenicle de Bessy (París, 1605-1675). Matemático aficionado, que mantuvo correspondencia, en su mayor parte sobre teoría de números, con destacados matemáticos de la época (Descartes, Fermat, Huygens,...). *(N. del T.)*

Un cuadrado sigue siendo mágico si a todos sus elementos se les suma o resta un mismo número. En el cuadrado siguiente se han sumado 5 unidades a los elementos del cuadrado anterior, con lo que la suma ha pasado de 34 a 54.

6	20	19	9
17	11	12	14
13	15	16	10
18	8	7	21

De igual modo, un cuadrado sigue siendo mágico si se multiplican todos sus elementos por un mismo número.

En una serie de elementos (abajo, del 8 al 29), pueden omitirse algunos números (12, 13; 18, 19; 24, 25).

8	28	27	11
23	15	16	20
17	21	22	14
26	10	9	29

Existe un procedimiento para diseñar un cuadrado mágico con un número de lados impar:

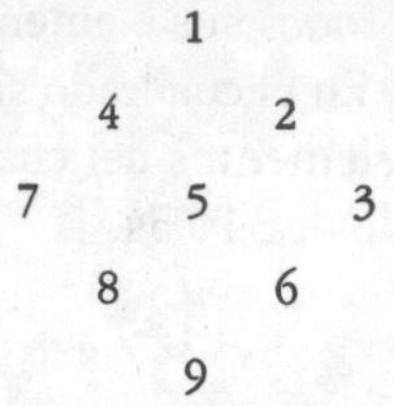

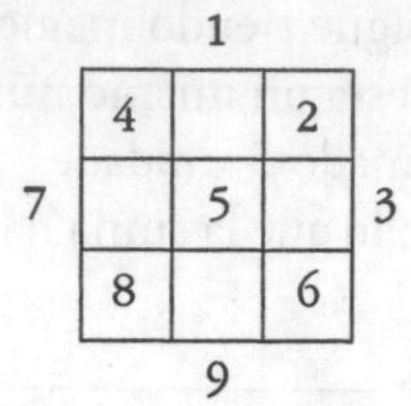

4	**9**	2
3	5	**7**
8	**1**	6

Colocar los números de este modo

Trazar la cuadrícula

Situar los números que han quedado fuera de la cuadrícula en su antípoda

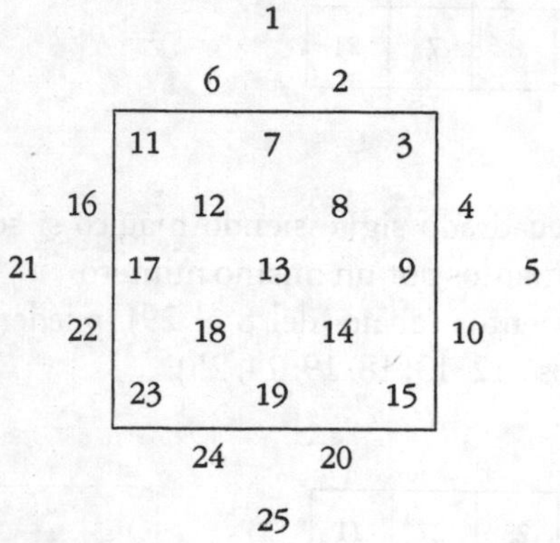

11	**24**	7	**20**	3
4	12	**25**	8	**16**
17	**5**	13	**21**	9
10	18	**1**	14	**22**
23	**6**	19	**2**	15

Observamos que la suma de una línea (ya sea una fila, una columna o una diagonal) es igual a la suma de todos los elementos del cuadrado[1] dividida por el número de lados. En el ejemplo de arriba:

$$1 + 2 + 3 + \ldots + 25 = 325$$
$$\text{y } 325 : 5 = 65$$

En un cuadrado mágico de orden impar, el número (13 en el ejemplo de arriba) que está en la mitad de la serie de los números empleados se halla situado en el centro del cuadrado.

1. Para hallar la suma de una serie de números, ver páginas 35 y 36.

El cuadrado mágico de orden 6 es más difícil de elaborar.

Éste es un ejemplo: la suma de los números de columnas, filas y diagonales da 111.

6	25	24	13	7	36
35	11	14	20	29	2
33	27	16	22	10	3
4	28	15	21	9	34
32	8	23	17	26	5
1	12	19	18	30	31

En Khajuraho (la India), un templo construido en los siglos XI y XII tiene un pilar rodeado por una cuadrícula cuyos números, traducidos a nuestra numeración, serían:

7	12	1	14
2	13	8	11
16	3	10	5
9	6	15	4

La suma de los números de las filas, columnas y diagonales da 34. Se trata probablemente del cuadrado mágico más antiguo conocido.

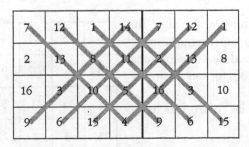

Algunos cuadrados mágicos (llamados diabólicos) presentan otras características. Por ejemplo el de la derecha, cuya suma de cada fila, columna o diagonal da 65.

1	20	9	23	12
24	13	2	16	10
17	6	25	14	3
15	4	18	7	21
8	22	11	5	19

Si cortamos este cuadrado diabólico mediante una línea vertical entre dos columnas cualesquiera y permutamos las dos partes, seguimos obteniendo un cuadrado mágico. Cortándolo por una línea horizontal, tendremos el mismo resultado.

También podemos observar que la suma de los elementos de cualesquiera de los rombos que pueden trazarse en el cuadrado diabólico (se pueden formar 9) da 65.

También se puede construir un cuadrado diabólico que contenga un cuadrado mágico en el centro:

23	8	5	4	25
20	14	15	10	6
19	9	13	17	7
2	16	11	12	24
1	18	21	22	3

Finalmente, he aquí un cuadrado supermágico, en el que el total de 40 se obtiene de veintidós formas distintas:

1	15	20	4
18	6	7	9
8	16	11	5
13	3	2	22

• según las cuatro filas horizontales,

- según las cuatro columnas verticales,
- según las dos diagonales,
- y según la suma de los cuatro elementos situados en las cuatro esquinas de los doce cuadriláteros representados aquí mediante guiones.

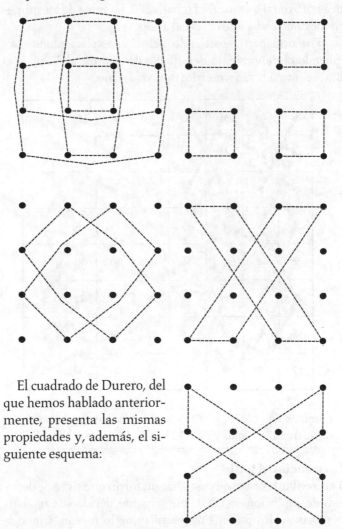

El cuadrado de Durero, del que hemos hablado anteriormente, presenta las mismas propiedades y, además, el siguiente esquema:

Aunque no tengan aplicación matemática alguna, los cuadrados mágicos han despertado el interés de grandes matemáticos como Fermat, Lucas o Euler. Por pura diversión, un día este último combinó el cuadrado mágico siguiente en el que la suma de todos los números que aparecen en una línea horizontal o vertical es igual a 260. La suma de los números de cada media línea es igual a 130.

Por otra parte, partiendo del 1 y desplazándonos, siguiendo el movimiento del caballo de ajedrez, al 2, luego al 3…, se forma la red simétrica dibujada abajo.

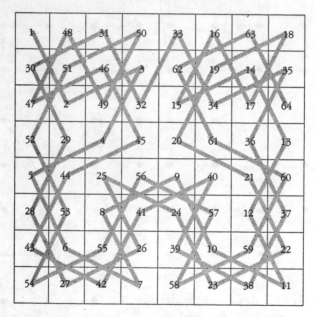

Leonhard Euler (1707 – 1783), muy dotado para las matemáticas, escribió 886 obras y tuvo 13 hijos.

La custodia del fortín

Tras recibir la orden de custodiar un fortín que sirve de depósito de municiones (DM), un sargento decide situar a sus hombres en los puestos de guardia que lo rodean. Como la consigna es situar a 9 hombres en cada lado del cuadrado, el sargento se lleva a 9 × 4 = 36 hombres. Llegados al lugar, los reparte del siguiente modo:

```
0   9   0
9  DM   9      Son las 20 h. El sargento les dice que hará
0   9   0      una ronda cada hora para asegurarse de la pre-
               sencia de 9 hombres en cada lado.
```

A las 21 h, los cuenta y observa que se ha producido una ligera variación; ahora hay un hombre en dos ángulos del cuadrado. Los soldados le explican que así pueden vigilar mejor

```
0   8   1
8  DM   8
1   8   0
```

los accesos y que sigue habiendo 9 hombres en cada lado.

```
1   7   1
7  DM   7
1   7   1
```

A las 22 h hace una nueva ronda. Todos los ángulos están vigilados. El sargento felicita a sus hombres porque así pueden mantener un ojo avizor en todas direcciones.

A las 23 h verifica que sigue habiendo 9 hombres a cada lado.

```
2   6   1
6  DM   6
1   6   2
```

```
2   5   2      Situación a las
5  DM   5      24 h.
2   5   2
```

```
3   4   2      Situación a la
4  DM   4      1 de la madru-
2   4   3      gada.
```

```
3   3   3
3  DM   3
3   3   3
```
Situación a las 2 de la madrugada.

```
4   2   3
2  DM   2
3   2   4
```
Situación a las 3 de la madrugada.

```
4   1   4
1  DM   1
4   1   4
```
Situación a las 4 de la madrugada.

```
4   0   5
0  DM   0
5   0   4
```
Situación a las 5 de la madrugada.

Como ha llegado la hora del relevo, el sargento, satisfecho del buen cumplimiento de las órdenes, reúne a sus hombres para llevarlos de vuelta al cuartel. Entonces se da cuenta de que sólo quedan 18 de los 36 hombres de la víspera.

No había advertido que después de cada ronda desaparecían 2 hombres y que 4 por 9 no siempre dan 36.

Sumas curiosas

$$1 + 2 = 3$$
$$4 + 5 + 6 = 7 + 8$$
$$9 + 10 + 11 + 12 = 13 + 14 + 15$$
$$16 + 17 + 18 + 19 + 20 = 21 + 22 + 23 + 24$$
$$25 + 26 + 27 + 28 + 28 + 30 = 31 + 32 + 33 + 34 + 35$$

Esta curiosa construcción podría prolongarse hasta el infinito. Obsérvese que las líneas empiezan por los cuadrados de los números enteros.

Hexágono mágico
Este hexágono suma 38 en todas sus direcciones.

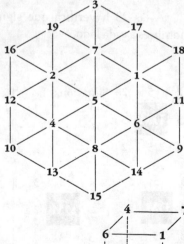

Cubo mágico
Los números de cada cara de este cubo suman 18.

Problema 8: superstar

Construir una estrella mágica siguiendo este esquema y utilizando los números 1, 3, 4, 5, 7, 8, 9, 10, 11, 12, de modo que los cuatro números de una línea recta sumen lo mismo.

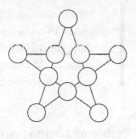

Problema 9: las 7 esquinas del triángulo

Colocar en los círculos de este triángulo mágico las cifras del 1 al 7 de modo que sumen un total de 12 en todos sus sentidos.

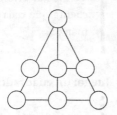

Problema 10: en todas direcciones

Dibujar un cuadrado de 5 filas y 5 columnas, y, utilizando tan sólo los dígitos del 1 al 5, elaborar un cuadrado mágico en el que las filas, las columnas y las diagonales sumen lo mismo. No debe repetirse el mismo número en ninguna fila ni columna.

Problema 11: resolverlo con rapidez

Este cuadrado mágico no está acabado:

Debe completarse de forma que la suma de los números de las filas, las columnas y las diagonales dé 111 y sabiendo que los números que faltan van del 1 al 18.

	32	20			29
30	31		24		
			22	34	27
28			21	33	
25	36	19			
		23		35	26

Señalemos que existen 6.402.373.705.728.000 maneras de disponer 18 números en 18 casillas. Trabajando día y noche, se tardaría unos 200 millones de años en probar todas estas combinaciones. Ahí va una ayuda: dos números colocados en diagonal, simétricamente en relación al centro, suman 37.

Problema 12: uno pequeño para terminar

Completar este cuadrado mágico teniendo en cuenta que cada fila, columna o diagonal suman 63.

		13
	7	

Juego: un cuadrado sin magia

Haz tú mismo este juego. En la parte superior y exterior de una cuadrícula de 5 x 5 casillas, escribe cinco números cualesquiera. En el lado izquierdo, pon otros cinco números cualesquiera. Los números que aparecen a la derecha son sólo ejemplos:

	2	5	3	7	4
4					
10					
1					
9					
3					

En cada casilla, escribe la suma de los dos números correspondientes a la intersección de la fila y la columna. Con nuestro ejemplo, obtendremos:

	2	5	3	7	4
4	6	9	7	11	8
10	12	15	13	17	14
1	3	6	4	8	5
9	11	14	12	16	13
3	5	8	6	10	7

El resultado es un cuadrado que nada tiene de mágico, pero que posee una curiosa particularidad.

Muéstrale a un compañero este cuadrado (sin los números exteriores de la parte superior y de la izquierda) y pídele que proceda de la siguiente forma sin que tú lo veas:

— Rodear un número cualquiera del cuadro y rayar toda la fila horizontal y toda la columna vertical a que pertenece dicho número.

— Repetir la misma operación con otro número que no esté rayado; rodearlo y rayar la fila y la columna correspondientes.

— Repetir la operación otras dos veces.

Queda un solo número sin rayar. Dile a tu compañero que sume a este número los cuatro números rodeados y anúnciale el resultado de la suma: 48.

Hay que destacar que 48 (resultado de este ejemplo) no depende de las cifras elegidas por el compañero, y representa la suma de los componentes o la suma de cada una de las diagonales del cuadrado.

Por supuesto, con otros números el resultado sería distinto.

Juego: adivinanza

Sin mirar, pídele a alguien que escriba un número cualquiera *abc* de tres cifras (el primero y el último deben ser distintos). A continuación deberá invertir el número (*cba*) y calcular la diferencia entre ambos. A este resultado debe sumarle lo obtenido invirtiéndolo.

El conductor del juego, que no ha visto número alguno, anuncia el resultado: 1.089

Ejemplos:

$$971 - 179 = 792 + 297 = 1.089$$
$$352 - 253 = 099 + 990 = 1.089$$

Juego: el juego de Marienbad

En la película *El año pasado en Marienbad*[2] aparece una escena en la que dos actores juegan con cerillas.

Se disponen 17 cerillas sobre una mesa. Cada jugador debe retirar por turno 1, 2 o 3 cerillas. El **ganador** es el que retira la última.

¿Qué hay que hacer para ganar?

Gana el que toma la 13ª cerilla. Para asegurarse ésta, hay que tomar la 9ª y con anterioridad, la 5ª.

Así asegura la 5ª, la 9ª, la 13ª, y la 17ª.

Cuando ambos jugadores están al corriente, la victoria es para aquel que juega primero (retirando una cerilla).

Si se decide que el **perdedor** es el que retira la última cerilla, para ganar hay que tomar la 4ª, la 8ª, la 12ª y la 16ª. Cuando los dos jugadores están al corriente, pierde el que juega primero.

Se puede jugar con un número que no sea 17. Por ejemplo, con 15, si se decide que el que toma la última cerilla pierde; para ganar hay que asegurarse la 2ª, la 6ª, la 10ª y la 14ª.

Problema 13: el vagabundo y sus colillas

Un vagabundo suele recoger colillas de cigarrillos. Un día encuentra un librillo de papel de fumar y calcula que con 3 colillas puede liar 1 cigarrillo.

Al día siguiente recoge 10 colillas. ¿Cuántos cigarrillos podrá fumar?

Multiplicar y dividir

Multiplicando dos factores se obtiene el producto:

$$a \times b = P$$

---

2. Dirigida por Alain Resnais en 1961. El juego se conoce también con el nombre de NIM. *(N. del T.)*.

de donde se deduce que:

$$P : a = b$$
$$P : b = a$$

Ejemplo: Tensión × Intensidad = Potencia
(en voltios) (en amperios) (en vatios)

¿Podemos conectar aparatos eléctricos con una potencia de 5.000 W a una corriente de 220 V suministrada con una intensidad de 20 A? No, porque 5.000 : 220 = 22,72.

Necesitamos 25 A adicionales para conseguir 220 × 25 = 5.500 W.

Todos debemos saber de memoria las tablas de multiplicar (por 2, 3, 4, 5, 6, 7, 8, 9 y 10). No se ha inventado ningún sistema para sustituirlas.

En esta tabla de Pitágoras aparecen todos los productos con factores inferiores a 16 y todos los cuadrados de los números inferiores a 16.

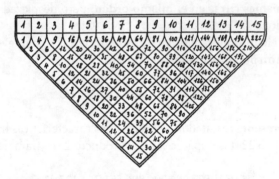

Números pares e impares

El producto de un número *par* por otro es siempre par.

El producto de dos números impares es siempre *impar*.

De ahí el siguiente juego:

Juego: presciencia

- El que conduce el juego pide a Juan y a Ana que cada uno escriba, sin enseñarlo, un número cualquiera, par uno e impar el otro.

  A Juan le pide que multiplique su número por un número par; a Ana que multiplique el suyo por un número impar.

  A continuación los jugadores deben sumar los productos obtenidos e informar del resultado al conductor del juego. Éste descubrirá quién escribió el número par y quién el impar.

- **Clave:** si la suma final da un número par, Ana fue quien escribió el número par al principio del juego.

  Si la suma final da un número impar, fue Ana quien escogió un número impar.

Números testarudos

Multiplicando el número 052.631.578.947.368.421 por un número cualquiera del 1 al 18, obtendremos en el resultado **las mismas cifras en el mismo orden**, pero desplazadas una posición.

Si lo multiplicamos por 19, obtendremos sólo nueves.

Aún más obstinados: el número

0434.782.608.695.652.173.913

que presenta resultados de las mismas características hasta el producto 22 (los 9 aparecen en el producto 23); y también

0344.827.586.206.896.551.724.137.931

en el que los 9 no aparecen hasta el producto 29; y finalmente

0212.765.957.446.808.510.638.297.872.340.425.531.914.893.617

en el que los 9 no aparecen hasta el producto 47.

Existen otros números aún más largos que presentan estas mismas particularidades.

Las fracciones

En una fracción se escribe primero el numerador (que indica el número de partes consideradas) y luego el denominador (que indica el número de partes que se han hecho):

$$\frac{n}{d}$$

Una fracción no cambia de valor si se multiplica o divide el numerador y el denominador por el mismo número:

$$\frac{3}{24} + \frac{2}{8} = \frac{3}{24} + \frac{6}{24} = \frac{9}{24} \text{ ó } \frac{3}{8}$$

Recordatorio aritmético

Para sumar o restar fracciones, éstas deben tener el mismo denominador.

El sistema más fácil para reducir fracciones al mismo denominador consiste en multiplicar el numerador y el denominador de cada fracción por el o los denominadores de las otras.

Ejemplo:

$$\frac{4}{5} + \frac{5}{7} = \frac{4 \times 7}{5 \times 7} + \frac{5 \times 5}{7 \times 5} = \frac{28}{35} + \frac{25}{35} = \frac{53}{35} \text{ ó } 1\frac{18}{35}$$

Algunas fracciones se pueden reducir a un número finito. Por ejemplo:

$$\frac{460}{5} = 92 \qquad \qquad \frac{208}{5} = 41,6$$

Otras presentan un resultado periódico infinito:

$$\frac{214}{6} = 35,6666... \qquad \frac{250}{22} = 11,363636...$$

Otros cocientes periódicos destacables:

$$\frac{10}{13} = 0,769230\ 769230... \qquad \frac{10}{81} = 0,123456790\ 123456790...$$

$$\frac{10}{27} = 0,370\ 370\ 370... \qquad \frac{10}{99} = 0,10\ 10\ 10\ 10...$$

$$\frac{10}{37} = 0,270\ 270\ 270... \qquad \frac{10}{117} = 0,08547\ 08547...$$

$$\frac{10}{54} = 0,185\ 185\ 185... \qquad \frac{10}{153} = 0,0653594771241830\ 065...$$

$$\frac{10}{63} = 0,158730\ 158730... \qquad \frac{10}{189} = 0,052910\ 052910...$$

Si se quiere convertir la fracción 1/7 en un número decimal, se obtiene 0,142857142857142… El grupo **142857** se repite periódicamente en los decimales. Observemos este grupo:

$$142.857 \times 1 = \boxed{142.857}$$
$$142.857 \times 2 = \boxed{285.714}$$
$$142.857 \times 3 = \boxed{428.571}$$
$$142.857 \times 4 = \boxed{571.428}$$
$$142.857 \times 5 = \boxed{714.285}$$
$$142.857 \times 6 = \boxed{857.142}$$

Todos estos productos se escriben con las mismas cifras cuya suma da 27.

Si sumamos los números de las columnas que aparecen en el recuadro se obtiene también 27.

Si cortamos por la mitad cualquiera de los seis productos, se obtienen dos números que sumados entre sí dan 999.

Finalmente, multiplicando 142.857 por 7 se obtiene 999.999, y la suma de estas cifras (54) es el doble de 27.

***

Las fracciones de cociente periódico, cuyo denominador es un múltiplo impar de 9, no divisible por 5, proporcionan con el empleo del periodo sin cero final (ver más arriba) una serie de multiplicaciones curiosas:

37 × 3 = 111	5.291 × 21 = 111.111
37 × 6 = 222	5.291 × 42 = 222.222
37 × 9 = 333	5.291 × 63 = 333.333
37 × 12 = 444	5.291 × 84 = 444.444
37 × 15 = 555	5.291 × 105 = 555.555
37 × 18 = 666	5.291 × 126 = 666.666
37 × 21 = 777	5.291 × 147 = 777.777
37 × 24 = 888	5.291 × 168 = 888.888
37 × 27 = 999	5.291 × 189 = 999.999

10.101 × 11 = 111.111	8.547 × 13 = 111.111
10.101 × 22 = 222.222	8.547 × 26 = 222.222
10.101 × 33 = 333.333	8.547 × 39 = 333.333
10.101 × 44 = 444.444	8.547 × 52 = 444.444
10.101 × 55 = 555.555	8.547 × 65 = 555.555
10.101 × 66 = 666.666	8.547 × 78 = 666.666
10.101 × 77 = 777.777	8.547 × 91 = 777.777
10.101 × 88 = 888.888	8.547 × 104 = 888.888
10.101 × 99 = 999.999	8.547 × 117 = 999.999

15.873 × 7 = 111.111	37.037 × 3 = 111.111
15.873 × 14 = 222.222	37.037 × 6 = 222.222
15.873 × 21 = 333.333	37.037 × 9 = 333.333
15.873 × 28 = 444.444	37.037 × 12 = 444.444

$15.873 \times 35 = 555.555$		$37.037 \times 15 = 555.555$
$15.873 \times 42 = 666.666$		$37.037 \times 18 = 666.666$
$15.873 \times 49 = 777.777$		$37.037 \times 21 = 777.777$
$15.873 \times 56 = 888.888$		$37.037 \times 24 = 888.888$
$15.873 \times 63 = 999.999$		$37.037 \times 27 = 999.999$

$$65.359.477.124.183 \times 17 = 1.111.111.111.111.111$$
$$65.359.477.124.183 \times 34 = 2.222.222.222.222.222$$
$$65.359.477.124.183 \times 51 = 3.333.333.333.333.333$$
$$65.359.477.124.183 \times 68 = 4.444.444.444.444.444$$
$$65.359.477.124.183 \times 85 = 5.555.555.555.555.555$$
$$65.359.477.124.183 \times 102 = 6.666.666.666.666.666$$
$$65.359.477.124.183 \times 119 = 7.777.777.777.777.777$$
$$65.359.477.124.183 \times 136 = 8.888.888.888.888.888$$
$$65.359.477.124.183 \times 153 = 9.999.999.999.999.999$$

$$12.345.679 \times 9 = 111.111.111$$
$$12.345.679 \times 18 = 222.222.222$$
$$12.345.679 \times 27 = 333.333.333$$
$$12.345.679 \times 36 = 444.444.444$$
$$12.345.679 \times 45 = 555.555.555$$
$$12.345.679 \times 54 = 666.666.666$$
$$12.345.679 \times 63 = 777.777.777$$
$$12.345.679 \times 72 = 888.888.888$$
$$12.345.679 \times 81 = 999.999.999$$

(Nótese la ausencia del 8 en el primer factor.)

Juego: adivinar un número (1er método)

Un jugador escribe un número cualquiera sobre un papel sin enseñárselo al conductor del juego.

Éste le dice que:

- lo multiplique por 5,

- le sume 6,
- lo multiplique por 4,
- le sume 9
- lo multiplique por 5,
- y, finalmente, que diga el resultado.

En este punto, el conductor del juego descubre el número inicial.

Clave: el conductor del juego resta mentalmente 165 del resultado anunciado por el jugador y lo divide por 100. Así, obtiene el número de partida.

Juego: adivinar un número (2º método)

El jugador escribe un número cualquiera sin enseñarlo.

Se le pide que lo multiplique por 3, y que diga si el resultado es *par* o *impar*.

(Si es impar, sumar 1.)

Se le pide que:

- lo divida por 2,
- lo multiplique por 3,
- le reste 9 tantas veces como sea posible.
- Que diga cuántas veces.
  Respuesta: x

Desvelar el número inicial.

Clave: El número inicial es $2x$ (si el número era *par*) y $2x + 1$ (si el número era *impar*).

Operaciones piramidales

$$(0 \times 9) + 1 = 1$$
$$(1 \times 9) + 2 = 11$$
$$(12 \times 9) + 3 = 111$$
$$(123 \times 9) + 4 = 1.111$$
$$(1.234 \times 9) + 5 = 11.111$$
$$(12.345 \times 9) + 6 = 111.111$$
$$(123.456 \times 9) + 7 = 1.111.111$$
$$(1.234.567 \times 9) + 8 = 11.111.111$$
$$(12.345.678 \times 9) + 9 = 111.111.111$$
$$(123.456.789 \times 9) + 10 = 1.111.111.111$$

$$(0 \times 9) + 8 = 8$$
$$(9 \times 9) + 7 = 88$$
$$(98 \times 9) + 6 = 888$$
$$(987 \times 9) + 5 = 8.888$$
$$(9.876 \times 9) + 4 = 88.888$$
$$(98.765 \times 9) + 3 = 888.888$$
$$(987.654 \times 9) + 2 = 8.888.888$$
$$(9.876.543 \times 9) + 1 = 88.888.888$$
$$(98.765.432 \times 9) = 888.888.888$$
$$(987.654.321 \times 9) - 1 = 8.888.888.888$$

$$(1 \times 8) + 1 = 9$$
$$(12 \times 8) + 2 = 98$$
$$(123 \times 8) + 3 = 987$$
$$(1.234 \times 8) + 4 = 9.876$$
$$(12.345 \times 8) + 5 = 98.765$$
$$(123.456 \times 8) + 6 = 987.765$$
$$(1.234.567 \times 8) + 7 = 9.876.543$$
$$(12.345.678 \times 8) + 8 = 98.765.432$$
$$(123.456.789 \times 8) + 9 = 987.654.321$$

(Ver otra pirámide en la página 277.)

UNA MULTIPLICACIÓN SORPRENDENTE (o cómo llegar a 1033, o a 1.000 quintillones, o a 1 millón de millardos de millardos de millardos)

$$8.589.934.592 \times 116.415.321.826.934.814.453.125 =$$
$$1.000.000.000.000.000.000.000.000.000.000.000$$

Recomendamos a los incrédulos que efectúen la operación. Ver página 95.

Problema 14: sólo unos

¿Qué número, multiplicado por 37 da un producto escrito con unos exclusivamente?

Cómo no tener que aprender de memoria la tabla del 9

Existe un truco para hallar, sin saber la tabla de multiplicar, el resultado de multiplicar 9 por un número inferior a 10.

Poner las manos abiertas sobre la mesa. Tenemos delante 10 dedos. Supongamos que queremos saber cuántos son 9×3. Doblar el tercer dedo de mano izquierda y contar cuántos dedos quedan a cada lado de este dedo escondido.

Hay 2 a la izquierda y 7 a la derecha.
Resultado: $9 \times 3 = 27$

Probarlo con otros factores. Es un buen método.

Si a alguien le falta un dedo puede recurrir a otro procedimiento: para multiplicar $x \times 9$, tomar la cifra que precede a x y escribir a continuación el número del complemento a 9 de esta cifra.
Ejemplo: $4 \times 9 = (4-1)$ y (resto hasta 9), así pues 3 y 6, o sea 36.

Problema 15: un resultado obstinado

Elegir un número cualquiera *n* y aplicarle (con o sin calculadora) las operaciones siguientes:

$$n \times 7 : 2 \times 5 : 2 \times 4 : n \times 3$$

¿Por qué, independientemente del número *n* elegido, el resultado es siempre 105?

Repaso de algunos cálculos sobre las fracciones

Multiplicar un número por la fracción $\quad N \times \dfrac{a}{b} = \dfrac{N \times a}{b}$

Multiplicar una fracción por una fracción $\quad \dfrac{a}{b} \times \dfrac{c}{d} = \dfrac{a \times c}{b \times d}$

Cuadrado de una fracción $\quad \left(\dfrac{a}{b}\right)^2 = \dfrac{a^2}{b^2}$

Dividir una fracción por un número:

$$\dfrac{a}{b} : N = \dfrac{a}{b \times N}$$

Dividir un número por una fracción:

$$N : \dfrac{a}{b} = N \times \dfrac{b}{a} = \dfrac{N \times b}{a}$$

Dividir una fracción por una fracción:

$$\dfrac{a}{b} : \dfrac{c}{d} = \dfrac{a}{b} \times \dfrac{d}{c} = \dfrac{a \times d}{b \times c}$$

Problema 16: en blanco y negro

¿Este conjunto es más blanco que negro o más negro que blanco?

Cómo usar las nueve primeras cifras, mediante fracciones, para no conseguir gran cosa:

$$\left(\frac{7+2}{4+5}\right) - \left(\frac{3}{6} \times \frac{18}{9}\right) = 0$$

$$\text{pues } \frac{7+2}{4+5} = \frac{9}{9} = 1 \text{ y } \frac{3}{6} \times \frac{18}{9} = \frac{3 \times 18}{6 \times 9} = \frac{54}{54} = 1$$

Problema 17: ¡frágil!

Una granjera llega al mercado con cierto número de huevos. Vende a la primera cliente la mitad de los huevos y medio huevo. A la segunda cliente le vende la mitad de los huevos que le quedan más medio huevo. A la tercera le vende la mitad del resto y medio huevo.

Ya no lo queda nada y no ha roto ni un solo huevo.

¿Cuántos huevos tenía cuando llegó al mercado?

ANDRÉ JOUETTE

Problema 18: a oscuras

> Es de noche; se ha ido la luz. Pedro abre el cajón de los calceti-
> nes donde su esposa ha guardado, sin emparejarlos, 10 calceti-
> nes negros y 10 calcetines grises, todos del mismo número.
> ¿Cuántos debe coger como mínimo para estar seguro de que el
> par de calcetines son del mismo color?
>
> Luego abre el cajón de los guantes donde su esposa ha guar-
> dado 10 guantes grises y 10 guantes marrones. ¿Cuántos debe
> coger como mínimo para tener la garantía de que el par de
> guantes son del mismo color?

Cómo, mediante una fracción pequeña, se llega a un número infinitamente grande:

$$\frac{1}{17} = 0{,}0588235294117647\ 0588235294117647\ 0588235...$$

La multiplicación árabe

Todos conocemos nuestra forma de multiplicar:

$$
\begin{array}{r}
4\,2\,7 \\
\times\,3\,8 \\
\hline
3\;4\,1\,6 \\
1\;2\;8\,1 \\
\hline
1\,6.2\,2\,6 \\
\end{array}
$$

En la tradición árabe existe otro procedimiento:

(ver página siguiente)

El sistema consiste en escribir, mejor sobre un papel cua-
driculado, las cifras del primer factor arriba de izquierda a derecha, y las cifras del segundo factor, a la derecha, de arriba
abajo (ESCRIBIR).

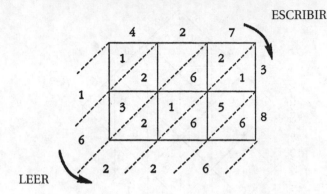

Seguidamente se amplía la cuadrícula trazando líneas de puntos en las diagonales. En cada cuadrado se escribe el producto de las dos cifras correspondientes, según las tablas de multiplicar y separando las decenas de las unidades por la diagonal del cuadrado:

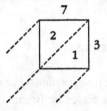

Los cuadrados pueden rellenarse en cualquier orden (observar el producto de 3 por 2 que no tiene decena). A continuación, sumar las columnas delimitadas por las líneas de puntos, empezando por abajo a la derecha y avanzando hacia arriba a la izquierda. En caso necesario, agregar las decenas a la columna de puntos siguiente.

El resultado se lee de izquierda a derecha y bajando (LEER).

El procedimiento árabe tiene la ventaja, para los escolares, de no tener que acordarse de las cantidades que se llevan al efectuar las multiplicaciones.

Aquellas personas a quienes no gusta la disposición oblicua pueden adoptar la siguiente:

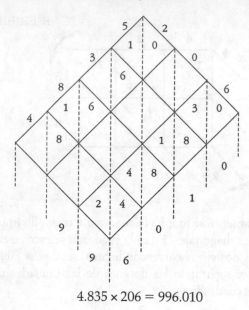

$$4.835 \times 206 = 996.010$$

La multiplicación rusa

Este método, cuyo origen se pierde en la noche de los tiempos y que llegó de Oriente a través de Rusia, nos ofrece un modo distinto de calcular un producto:

513	32
1.026	16
2.052	8
4.104	4
8.208	2
16.416	1

Se procede del siguiente modo. Supongamos 513 × 32. Escribir ambos factores uno al lado del otro, separados por una línea vertical. Debajo el primero (513), escribir el doble. Debajo del segundo (32), escribir la mitad. El resultado es equivalente: 513 × 32 = 1.026 × 16.

Continuar de este modo hasta que el segundo factor dé 1. El resultado aparece a la izquierda:

$$513 \times 32 = 16.416 \times 1 = 16.416$$

En el ejemplo de arriba, el factor de la derecha sólo genera números pares. Es, pues, más fácil.

65	21 (1)
130	10
260	5 (1)
520	2
1.040	1

Cuando el número de la derecha es impar, se opera del siguiente modo: se resta 1 a este número y se coloca entre paréntesis. Debajo se escribe la mitad del resultado: $(21 - 1) : 2 = 10$, y así sucesivamente.

Al final, se suma al número obtenido de la izquierda (1.040) las cantidades omitidas:

1 vez 65
1 vez 260

El resultado es: $1.040 + 65 + 260 = 1.365$
por lo tanto $65 \times 21 = 1.365$

En caso necesario, el tema de las comas (no mostrado en la operación) se resuelve como en nuestro sistema, sobre el producto final.

La multiplicación rusa tiene la ventaja de que sólo hay que saber de memoria la tabla de multiplicar del 2, como en la **multiplicación egipcia** (ver página 258).

Problema 19: ¡brindemos!

Dada la situación siguiente:

¿Cómo alternar copas llenas y copas vacías moviendo una sola copa?

Cocientes curiosos

1.000 : 9.801 = 0, 10 20 30 40 50 60 70 80 9 10 11 12 13 14 ...
100 : 891 = 0, 11 22 33 44 55 66 77 88 99 00 11 22 33 44 55 66 ...
1.000 : 8.991 = 0, 111 222 333 444 555 666 777 888 999 000 111 ...
10.000 : 89.991 = 0, 1111 2222 3333 4444 5555 6666 7777 8888 ...
100.000 : 899.991 = 0, 11111 22222 33333 44444 55555 66666 ...

Es fácil continuar observando los dos números de partida.

Características de la divisibilidad

- **Es divisible por 2** cualquier número terminado en 0, 2, 4, 6 u 8.

- **Es divisible por 3** cualquier número cuyos dígitos sumen 3, 6 o 9.
  Ejemplo: 258 es divisible por 3 porque:
  $2 + 5 + 8 = 15$ y $1 + 5 = 6$.

- **Es divisible por 4** cualquier número terminado en dos ceros o cuyas dos últimas cifras sean divisibles por 4.
  Ejemplo: 536 es divisible por 4 porque $36 = 9 \times 4$.
  Si las dos últimas cifras exceden de 40 u 80, hay que hacer la diferencia entre el número formado por las dos últimas cifras y 40 u 80: si el resultado es divisible por 4, el número completo es divisible por 4.
  Ejemplo: 8.462
  $62 - 40 = 22$; dado que el 22 no está en la tabla del 4, el número 8.462 no es divisible por 4.
  Otro ejemplo: 5.796
  $96 - 80 = 16$; puesto que el 16 está en la tabla del 4, el número 5.796 es divisible por 4.

- **Es divisible por 5** cualquier número terminado en 5 o en 0.

- **Es divisible por 6** cualquier número divisible a la vez por 2 y por 3.
  Ejemplo: 288.
  Dado que este número termina en cifra par, es divisible por 2. Y puesto que la suma de sus cifras da 18 y luego 9, es divisible por 3. Así pues, es divisible por 6.

- Los diversos procedimientos elaborados para determinar si un número **es divisible por 7** tienen todos un punto en común: los cálculos son más largos que la división por 7.

- **Es divisible por 8** cualquier número cuyas tres últimas cifras sean 000 o divisibles por 8.
  Ejemplo: 3.584.
  En 584, 560 y 24 son múltiplos de 8; el número 3.584 es pues divisible por 8.

- **Es divisible por 9** cualquier número cuyos dígitos sumen 9.
  Ejemplo: 783.
  $7 + 8 + 3 = 18$, y $1 + 8 = 9$.
  Otro ejemplo: 4.319
  Este número no es divisible por 9 porque:
  $4 + 3 + 1 + 9 = 17$, y $1 + 7 = 8$.
  Un número divisible por 9 es también naturalmente divisible por 3.

- **Es divisible por 10** cualquier número terminado en 0.

- **Es divisible por 11** cualquier número cuya diferencia entre la suma de las cifras de rango impar y la suma de las cifras de rango par sea igual a 0 o a un múltiplo de 11.
  Ejemplo: 8.591.

Este número es divisible por 11 porque:
$(8 + 9) - (5 + 1) = 17 - 6 = 11$.
Otro ejemplo: 682.
Este número es divisible por 11 porque:
$(6 + 2) - 8 = 0$.

- **Es divisible por 12** cualquier número divisible a la vez por 3 y por 4.

- **Es divisible por 15** cualquier número divisible a la vez por 3 y por 5.

- **Es divisible por 22** cualquier número divisible a la vez por 2 y por 11.

- **Es divisible por 25** cualquier número terminado en 00, o en 25, o en 50, o en 75.

- **Es divisible por 100** cualquier número terminado en dos ceros.

(Divisibilidades especiales: ver página 73.)

Problema 20: del 1 al 100 con tres signos

¿Cómo obtener un total de 100 empleando todas las cifras del 1 al 9 en el orden normal y utilizando sólo los signos $+ - \times$ (el signo $-$ no debe colocarse delante de la primera cifra)?

Los números primos

Se llama **número primo** aquel que sólo es divisible por sí mismo y por la unidad. No existe límite alguno a la serie de los números primos. Pese a los trabajos llevados a cabo por los matemáticos, ante un número grande, no podemos decir de entrada si es o no primo.

Sólo podemos saberlo por tanteo o, si somos pacientes, utilizando el método infantil llamado «criba de Eratóstenes» (sabio griego que vivió del 280 al 192 a. C.) y que consiste en tachar los números de una serie que sean múltiplos de 2, luego de 3, de 5, de 7, y así sucesivamente.

La criba de Eratóstenes se inicia así:

(1)   2   3   ~~4~~   5   ~~6~~   7   ~~8~~   ~~9~~   ~~10~~   11   ~~12~~   13

~~14~~   ~~15~~   ~~16~~   17   ~~18~~   19   ~~20~~   ~~21~~   ~~22~~   23   ~~24~~

Todos los números primos son impares, excepto el 2.

Cierto misterio planea sobre los números primos. En la serie de estos números, nada nos indica que exista una periodicidad. Un día, el abate francés Mersenne, sabio que calculó la velocidad del sonido, le preguntó a Fermat si el número 100.895.598.169 era o no primo. Fermat le contestó con bastante rapidez que no lo era porque es el producto de 112.303 por 898.423 (que son números primos). Era el 7 de abril de 1643. Fermat aplicó la fórmula $2^{2^{n}+1}$; pero un siglo más tarde, Euler demostró que esta fórmula no era infalible.

Durante mucho tiempo, la investigación de los números primos grandes fue tan sólo una especie de pasatiempo para muchos matemáticos (a éstos les sucede a menudo que únicamente hacen lo que les divierte). Euler, Goldbach, Waring, Wilson, Leibniz, Barbette y Vinogradov se ocuparon de este enigma. Sólo llegaron a hacer algunas observaciones del tipo siguiente:

- Todo número impar es la suma de tres números primos.
- Todo número primo, con excepción del 2 y del 3, es un múltiplo de 6 aumentado o disminuido en 1. (Pero la recíproca no es cierta: todos los múltiplos de 6 ± 1 no son números primos.)

Todavía queda mucho por descubrir.

Tabla de los números primos del 1 al 2.000

	163	383	619	881	1.151	1.439	1.669
2	167	389	631	883	1.153	1.447	1.709
3	173	397	641	887	1.163	1.451	1.721
5	179	401	643	907	1.171	1.453	1.723
7	181	409	647	911	1.181	1.459	1.733
11	191	419	653	919	1.187	1.471	1.741
13	193	421	659	929	1.193	1.481	1.747
17	197	431	661	937	1.201	1.483	1.753
19	199	433	673	941	1.213	1.487	1.759
23	211	439	677	947	1.217	1.489	1.777
29	223	443	683	953	1.223	1.493	1.783
31	227	449	691	967	1.229	1.499	1.787
37	229	457	701	971	1.231	1.511	1.789
41	233	461	709	977	1.237	1.523	1.801
43	239	463	719	983	1.249	1.531	1.811
47	241	467	727	991	1.259	1.543	1.823
53	251	479	733	997	1.277	1.549	1.831
59	257	487	739	1.009	1.279	1.553	1.847
61	263	491	743	1.013	1.283	1.559	1.861
67	269	499	751	1.019	1.289	1.567	1.867
71	271	503	757	1.021	1.291	1.571	1.871
73	277	509	761	1.031	1.297	1.579	1.873
79	281	521	769	1.033	1.301	1.583	1.877
83	283	523	773	1.039	1.303	1.597	1.879
89	293	541	787	1.049	1.307	1.601	1.889
97	307	547	797	1.051	1.319	1.607	1.901
101	311	557	809	1.061	1.321	1.609	1.903
103	313	563	811	1.063	1.327	1.613	1.913
107	317	569	821	1.069	1.361	1.619	1.931
109	331	571	823	1.087	1.367	1.621	1.933
113	337	577	827	1.091	1.373	1.627	1.949
127	347	587	829	1.093	1.381	1.637	1.951
131	349	593	839	1.097	1.399	1.657	1.973
137	353	599	853	1.103	1.409	1.663	1.979
139	359	601	857	1.109	1.423	1.667	1.987
149	367	607	859	1.117	1.427	1.669	1.993
151	373	613	863	1.123	1.429	1.693	1.997
157	379	617	877	1.129	1.433	1.697	1.999

En la actualidad, la investigación en este campo viene espoleada por el hecho de que un número primo grande resulta útil en las claves para el descifrado, la codificación de los mensajes informáticos y el secreto de las combinaciones indescifrables por factorización.

En 1876, el número primo más grande conocido, identificado por Lucas, era $2^{127} - 1$, que se escribía con 39 cifras (ver recuadro más abajo). Posteriormente, con ayuda del ordenador, se obtuvieron:

- el número $2^{3.217} - 1$, que tiene 687 dígitos (en 1957);
- el número $2^{11.213} - 1$, que tiene 3.376 dígitos (en 1963);
- el número $2^{21.701} - 1$, que tiene 6.533 dígitos (en 1978);
- el número $2^{44.497} - 1$, que tiene 13.395 dígitos (en 1979);
- el número $2^{86.243} - 1$, que tiene 25.962 dígitos (en 1983);
- el número $2^{216.091} - 1$, que tiene 65.050 dígitos (en 1985);
- el número $2^{859.433} - 1$, que tiene 258.716 dígitos (en enero de 1994);
- el número $2^{1.257.787} - 1$, que tiene 378.632 dígitos (en 1996);
- el número $2^{1.398.269} - 1$, que tiene 420.921 dígitos (en 1997).

Este último número, escrito con todas sus cifras y mecanografiado sin intervalos, alcanzaría una longitud de 947 m.

¡TREINTA Y NUEVE CIFRAS!

170.141.183.460.469.231.731.687.303.715.884.105.727
Durante mucho tiempo este número ha sido considerado como el más grande de los números primos conocido. Equivale a $2^{127} - 1$; es decir, representa el número de granos de trigo que habría que haber entregado al inventor del juego de ajedrez (ver página 88) si este juego hubiera tenido 127 casillas.

En sistema binario, este número colosal se escribiría con el número 1 repetido 127 veces. El número siguiente se escribiría con la cifra 1 seguida de 127 ceros.

Llegados a estos niveles, la mente humana ya no es capaz de percibir las diferencias.

Los números perfectos

El número que es igual a la suma de todos sus divisores recibe el nombre de número perfecto. Por ejemplo, el 28 es un número perfecto porque:

$$28 = 1 + 2 + 4 + 7 + 14$$

Euclides demostró que todo número primo n engendra un número perfecto N por aplicación de la fórmula:

$$2^{n-1}(2^n - 1) = N.$$

Efectivamente: $2^{1-1}(2^1 - 1) = 1 \times 1 = 1;$
$2^{2-1}(2^2 - 1) = 2 \times 3 = 6;$
$2^{3-1}(2^3 - 1) = 4 \times 7 = 28;$
$2^{5-1}(2^5 - 1) = 16 \times 31 = 496;$

siguen 8.128, 33.550.336, 8.589.869.056, etc.[3]

El número perfecto más grande conocido es actualmente:

$$(2^{2^{1.398.269}2\ 1}) \times (2^{2^{1.398.269}2\ 1}\ 2\ 1).$$

3. Todos los números perfectos terminan en 6 o 28 y la suma de sus cifras (excepto el 6) da siempre 1.

Si escribiéramos este número todo seguido, nos daría materia para el libro más voluminoso, más insípido, más inútil y más aburrido del mundo.

Juego: los dominós

Poner boca arriba sobre la mesa las 28 fichas del dominó, de modo que las cifras sean visibles.

El conductor del juego (un mago) se hace vendar los ojos o se coloca en un lugar desde donde no pueda ver los dominós.

	Ejemplo
	el 2 / 6
El jugador coge una ficha.	
El mago le pide que doble el primer número, sin hablar,	$2 \times 2 = 4$
	7
—que sume a éste un número indicado por el mago,	$4 + 7 = 11$
—que multiplique el resultado por 5,	$11 \times 5 = 55$
—que le sume la segunda cifra del dominó.	$55 + 6 = 61$
Llegados a este punto, el jugador debe anunciar el resultado en voz alta.	61
El mago confirma que el dominó es el	2 / 6

Clave:

Restar del total anunciado por el jugador 5 veces la cifra del mago.

El resultado conforma las dos cifras de la ficha de dominó

$$(5 \times 7) \quad \begin{array}{r} 61 \\ - 35 \\ \hline 26 \end{array}$$

Divisibilidades especiales

- Un número formado por 3 dígitos idénticos (**a a a**) es divisible por 3 y por 37 (números primos), ya que este número

es el resultado de multiplicar *a* por 111. Puesto que 111 =
= 3 × 37.

- Un número de 2 dígitos escrito tres veces seguidas forma
  un número de 6 dígitos (*a b a b a b*) divisible por 3, por 7,
  por 13 y por 37 (números primos), ya que este número *a b
  a b a b* es igual a *a b* × 10.101. Puesto que 10.101 = 3 × 7 ×
  × 13 × 37.

  En consecuencia, este número de 6 dígitos es también
  divisible por 21, por 39, por 91, por 111, por 259, por 273,
  por 481, por 777, por 1.443, por 3.367 y por 10.101 que son
  combinaciones de los cuatro números primos mencionados más arriba.

- Un número de 3 dígitos escrito dos veces seguidas forma
  un número de 6 cifras (*a b c a b c*) que es divisible por 7,
  por 11 y por 13 (números primos), ya que este número de
  6 cifras *a b c a b c* es igual a *a b c* × 1.001. Pues, 1.001 = 7 ×
  × 11 × 13.

  Por lo tanto, este número de 6 dígitos es también divisible por 77, por 91, por 143 y por 1.001, que son combinaciones de los tres números primos mencionados arriba.

- El número cíclico **142.857** (que hemos visto en la página
  54) presenta, entre otras particularidades, la propiedad de
  ser divisible por: 3, 9, 11, 13, 27, 33, 39, 99, 111, 117, 143,
  297, 333, 351, 407, 429, 481, 999, 1.221, 1.287, 1.443,
  3.663, 3.861, 4.329, 5.291, 10.989, 12.987, 15.873, 47.619.

Problema 21: con la calculadora

¿Cómo obtener en la pantalla de una calculadora el número 1 2
3 4 5 6 7 8 realizando una sola operación cuyos elementos se
escriban con una sola cifra (que puede escribirse varias veces)?

Descomposición de un número en factores primos

Cualquier número que no sea primo se puede descomponer en un producto de números primos.

	2.040	2	(1er divisor)
(1er cociente)	1.020	2	
	510	2	
	255	3	
	85	5	
	17	17	
	1		

- Para descomponer un número en sus factores primos, basta con dividir este número por los números primos sucesivos de la lista de la página 70. Primero se divide por 2 tantas veces como sea posible, luego por 3, por 5, etc., hasta el final, o sea hasta que aparece el 1 a la izquierda. Los divisores de la columna de la derecha dan el resultado:

$$2.040 = 2^3 \times 3 \times 5 \times 17$$

Otro ejemplo:

752.544	2
376.272	2
188.136	2
94.068	2
47.034	2
23.517	3
7.839	3
2.613	3
871	13
67	67
1	

$$752.544 = 2^5 \times 3^3 \times 13 \times 67$$

Problema 22: las cuentas claras.

Tres amigos, A, B y C, deciden comer juntos.

A aporta 5 platos; B, 3 platos. C no aporta nada, pero les dice que pagará lo suyo. Suponiendo que todos los platos tienen el mismo valor, C paga, de acuerdo con los demás, 800 um.*

¿Cómo repartir esta cantidad?

Las medias

- La **media aritmética** de n números es el cociente de la suma de los n números partido por n.

  Ejemplos: media aritmética de los números 14 y 23:

  $$\frac{14 + 23}{2} = \frac{37}{2} = 18,5$$

  Media aritmética de los números 7, 13, 15 y 17:

  $$\frac{7 + 13 + 15 + 17}{4} = \frac{52}{4} = 13$$

- La **media geométrica** o **proporcional** de dos números es la raíz cuadrada del producto de los dos números.

  Ejemplo: media geométrica de los números 4 y 36 $=$

  $$\sqrt{4 \times 36} = \sqrt{144} = 12$$

- La **media armónica** de dos números N y n se obtiene

  $$\text{por } 2 : \left(\frac{1}{N} + \frac{1}{n} \right) \text{ o por } \left(\frac{N \times n}{N + n} \right) \times 2$$

Ejemplo en la página 293 (final de la solución al problema 59).

---

* um = unidad monetaria.

El máximo común divisor

Dado un conjunto de números, el **máximo común divisor** (m.c.d.) es el número mayor que divide a todos con cociente entero.

- **Ejemplo:** hallar el m.c.d. de 120 y 144.

  Descomponer los números en factores primos:

120	2		144	2
60	2		72	2
30	2		36	2
15	3		18	2
5	5		3	3
1			3	3
			1	

$$120 = 2^3 \times 3 \times 5 \qquad 144 = 2^4 \times 3^2$$

Para obtener el m.c.d. hay que hallar *el producto de todos los factores primos comunes a estos números con su menor exponente.*

$$2^3 \times 3 = 8 \times 3 = 24$$

24 es el m.c.d. de 120 y 144.

- **Otro ejemplo:** calcular el m.c.d. de 3.960, 270 y 1.755.

$$3.960 = 2^3 \times 3^2 \times 5 \times 11$$
$$270 = 2 \times 3^3 \times 5$$
$$755 = 3^3 \times 5 \times 13$$

  El m.c.d. de los tres números es: $3^2 \times 5 = 45$

- **Otro ejemplo:** los números $220 = 2^2 \times 5 \times 11$ y $567 = 3^4 \times 7$ no tienen m.c.d.

El m.c.d. de varios números es, como mucho, igual al menor de todos ellos.

El mínimo común múltiplo

Dado un conjunto de números, el **mínimo común múltiplo** (m.c.m.) es el número más pequeño divisible por todos ellos.

- **Ejemplo:** hallar el m.c.m. de 120, 144 y 68.
  Descomponer los números en factores primos:

120	2
60	2
30	2
15	3
5	5
1	

144	2
72	2
36	2
18	2
9	3
3	3
1	

68	2
34	2
17	17
1	

$$2^3 \times 3 \times 5 \qquad 2^4 \times 3^2 \qquad 2^2 \times 17$$

Para obtener el m.c.m., hay que hallar *el producto de todos los factores primos, comunes y no, tomados con el mayor exponente que tengan en las descomposiciones.*

El m.c.m. de 120, 144 y 68 es: $2^4 \times 3^2 \times 5 \times 17 = 12.240$.
12.240 es el número menor de los números divisibles por 120, por 144 y por 68.
Los números que, a continuación, tienen esta propiedad son 12.240 multiplicado por 2, 3, 4, 5, 6...

> El m.c.m. de varios números es, al menos, tan grande como el mayor de todos ellos.

Problema 23: gran estropicio

Una granjera se instala en el mercado con una gran cesta llena de huevos. Un hombre tropieza y derriba el puesto. ¡Se rompen todos los huevos! El hombre presenta sus excusas y se ofrece a pagar los huevos.

—¿Cuántos había?— pregunta.

—No lo sé, pero contándolos de 2 en dos, sobraba 1; y lo mismo sucedía contándolos de 3 en 3, de 4 en 4, de 5 en 5, de 6 en 6. Pero ya no era así contándolos de 7 en 7.

Problema 24: denominación de origen

El empleado de una bodega debe preparar el envío de botellas de vino dentro de cajas con capacidad para 8, para 12 o para 15 botellas. Observa que si usa las cajas de 8, le sobran 6 botellas; con las cajas de 12, le siguen sobrando 6 y lo mismo sucede con las cajas de 15.

Sabiendo que tiene que encajar entre 300 y 400 botellas, ¿cuál es el número exacto de botellas?

Callejones sin salida

- Tomemos un número cualquiera de dos cifras. Poner estas cifras primero en orden decreciente y luego en orden creciente. Hacer la resta de ambos números. Se obtiene otro número con el cual repetiremos la misma operación unas cuantas veces. Siempre se llega al número 9 (o $2 + 3 + 4$).

- Si realizamos las mismas operaciones con un número cualquiera de 3 cifras, se llega al número **495** (o $3^3 + 5^3 + 7^3$).

- Si efectuamos las mismas operaciones con un número cualquiera de 4 cifras, se llega al número **6.174** (o $18 + 18^2 + 18^3$).

- Si repetimos las mismas operaciones con un número cualquiera de 5 cifras, se llega a **82.962** o a **83.952**.

Ejemplo de estos cálculos:

Partiendo del número 6.739, obtenemos sucesivamente:

$$9.763 - 3.679 = 6.084$$
$$8.640 - 468 = 8.172$$
$$8.721 - 1.278 = 7.443$$
$$7.443 - 3.447 = 3.996$$
$$9.963 - 3.699 = 6.264$$
$$6.642 - 2.466 = 4.176$$
$$7.641 - 1.467 = 6.174$$

y los cálculos se detienen aquí.

Medidas y potencias

El metro

«A menudo digo que si podemos medir aquello de que hablamos y expresarlo por medio de un número, ya sabemos algo, pero si no lo podemos medir, si no lo podemos expresar por medio de un número, nuestros conocimientos son bastante limitados y muy poco satisfactorios: esto puede ser el principio del conocimiento, pero en nuestro pensamiento, apenas hemos avanzado hacia la ciencia, cualquiera que sea el objeto.»

Lord Kelvin

Sin medida, no existe ciencia posible. El patrón de longitud es sin duda la medida más conocida, la más útil. Antaño se utilizaron medidas tales como la toesa, el pie, la pulgada, la línea, la braza, el codo, etc. Según los lugares, una misma palabra se aplicaba a diferentes medidas, lo que condujo a una gran confusión. Bajo los reinados de Felipe el Hermoso, Luis XI, Francisco I y Luis XIV se iniciaron en Francia proyectos de unificación que fracasaron.

Ante todo había que llegar a un acuerdo sobre la unidad de longitud. Nuestro viejo amigo, el metro, sufrió numerosas fluctuaciones. En 1670, Picard propuso la longitud del péndulo que bate el segundo sexagesimal y en 1766, La Condamine sugirió tomar la medida de un grado del meridiano en Perú. Talleyrand, en 1790, planteó el retorno al péndulo que bate el segundo a una latitud de 45° al nivel del mar. Posteriormente, la ley de 26 de marzo de 1791 volvió a la medida

81

del meridiano y adoptó la palabra «metro» para designar la diezmillonésima parte de la distancia del ecuador al polo. El decreto del 1 de agosto de 1793 fijó la longitud de éste en *3 pies, 11 líneas y 44 centésimas.* *

Por la ley de 7 de abril de 1795 se instituyó el sistema métrico decimal, creación francesa que fue adoptada primero en Europa y luego en la mayoría de países del mundo. Entre febrero de 1796 y diciembre de 1797, la Convención francesa hizo colocar en París dieciséis metros patrón grabados sobre mármol para que la población se fuera familiarizando con la nueva medida. Todavía pueden verse dos de ellos: uno a la derecha de la entrada del número 36 de la calle Vaugirard; otro en el 13 de la plaza Vendôme, a la izquierda de la entrada del ministerio de Justicia.

El 22 de junio de 1799, una comisión fijó el metro en *3 pies, 11 líneas y 296 milésimas.* Se fundió una regla de platino que, medida de punta a punta, se convirtió en el patrón oficial. Fue depositada en los archivos nacionales y posteriormente llevada a Sèvres, el 10 de diciembre del mismo año. Pero hasta el 1 de enero de 1840 no se adoptó oficialmente el sistema métrico.

En 1872 se creó la Convención Internacional del metro. En 1889, la I Conferencia Internacional de Pesos y Medidas depositó un nuevo metro patrón en el pabellón de Breteuil en Sèvres. Se trata de una *barra de platino iridiado* (90 % de platino, 10 % de iridio) de más de un metro de longitud y sección en X.

La longitud oficial del metro es la que separa, a 0 °C de temperatura, dos finos trazos paralelos a y b marcados en el surco central.

Francia conserva la copia número 8 de este patrón internacional, que se ha-

---

* El pie constaba de 12 pulgadas, y cada una de éstas de 12 líneas. La línea equivalía a unos dos milímetros y cuarto. *(N. del T.)*

lla depositada en el Conservatorio de Artes y Oficios de París.*

La VII Conferencia de Pesos y Medidas, reunida en 1927, al observar que los patrones materiales estaban sujetos a deformaciones, fijó un patrón de longitud natural. Se determinó, con casi una diezmillonésima de precisión, la relación entre la longitud del metro y la *longitud de onda de la raya roja del cadmio, que, a 15 °C en aire seco y a presión normal, tiene un valor 6.438,4696 Å o 0,64384696 µm.*

Sin embargo, desde 1945 sabemos generar, mediante la separación de isótopos, radiaciones ópticas más finas y más simples que la raya roja del cadmio. Ello nos ha conducido a una nueva definición del metro en la XI Conferencia General de Pesos y Medidas, celebrada en París en 1960: *el metro vale 1.650.763,73 longitudes de onda, en el vacío, de la radiación correspondiente a la transición entre los niveles** $2p_{10}$ y $5d_5$ del átomo de criptón 86.* El metro ya no está ligado a un objeto perecedero sino a un fenómeno físico inmutable.

Para mejorar aún más la precisión, el 20 de octubre de 1983 la Conferencia dio una nueva definición del metro (gracias al láser, desconocido en 1960): es *la longitud del trayecto recorrido por la luz en el vacío en 1 / 299.792.458 de segundo.*

Esta definición está asociada a la del segundo establecida en 1967 mediante una transición atómica: *el segundo es la duración de 9.192.631.770 periodos de la radiación correspondiente a la transición entre los dos niveles hiperfinos del estado fundamental del átomo de cesio 133.*

Es muy posible que el vendedor de telas a metros no tenga ni idea de todo esto.

---

* A España le correspondieron las copias numeradas 17 y 24. *(N. del T.)*
** Se trata de los posibles estados de la energía —el rango está discretizado— de los electrones que rodean al núcleo del átomo. *(N. del T.)*

Problema 25: + = x

> Todos hemos podido observar que la suma de 2 + 2 es igual a 2 × 2.
>
> ¿Existen otros pares de números, como 2 y 2, cuya suma sea igual al producto?
>
> Los dos números pueden ser distintos.

Las medidas más pequeñas

Recibe el nombre de *nanometría* la ciencia que estudia las medidas de alta precisión. En este campo ultrapreciso, hay que medir diferencias de longitud o de altura, grosores ínfimos y, por consiguiente, hay que familiarizarse con tales medidas, sólo perceptibles usando microscopios de efecto túnel.

Durante mucho tiempo, bastó con el milímetro y luego con el micrómetro (a menudo llamado micra) hasta llegar a las medidas mencionadas más abajo. Así, por ejemplo, los departamentos de óptica de las universidades pueden detectar errores en una superficie plana de hasta 0,027 nanómetro. El átomo de hierro tiene un diámetro de 2,52 Å.

Posición de las medidas más pequeñas, submúltiplos del metro:

```
 ╷ , • • • ╷ • • • ╷ • • ╷ • • • ╷ • • •╷
 m        mm      µm     nm  Å  pm      fm      am
```

Las minimedidas

1 milímetro (mm) = 1 milésima parte del metro
$$o\ 10^{-3}\,\text{m}.$$

1 micrómetro (µm) = 1 milésima parte del milímetro,
o 1 millonésima parte del metro,
$$o\ 10^{-6}\,\text{m}.$$

1 nanómetro (nm) = 1 milésima parte del micrómetro,
o 1 millonésima parte del milímetro,
o 1 milmillonésima parte del metro,
o 10^{-9} m,
o 10 ángstroms.

1 ángstrom (Å) = 1 décima parte del nanómetro,
o 1 diezmillonésima parte del milímetro,
o 10^{-10} m.
(El ángstrom ya no forma parte del sistema internacional de medidas.)

1 picómetro (pm) = 1 milésima parte de nanómetro,
o 1 millonésima parte del micrómetro,
o 1 milmillonésima parte del milímetro,
o 1 billonésima parte del metro,
o 10^{-12} m.

1 femtómetro (fm) = 1 milésima parte del picómetro,
(o fermi) o 1 millonésima parte del nanómetro,
o 1 milmillonésima parte del micrómetro,
o 1 billonésima parte del milímetro,
o 1 milbillonésima parte de metro,
o 10^{-15} m.

1 attometro (am) = 1 milésima parte del femtómetro,
o 1 millonésima parte del picómetro,
o 1 milmillonésima parte del nanómetro,
o 1 billonésima parte del micrómetro,
o 1 milbillonésima parte del milímetro,
o 1 trillonésima del metro, o 10^{-18} m.

Y a partir de ahí habría que situar el **zeptómetro** (10^{-21} m) y el **yoctómetro** (10^{-24} m).

Para medir las longitudes de los rayos X se emplea también la **unidad X**, medida que no forma parte del sistema internacional y que equivale a $1,002 \cdot 10^{-4}$ nm, o 0,0001002 nm.

Para las medidas muy grandes, ver el capítulo «Astronomía» de la página 149.

La progresión aritmética

La progresión aritmética es una sucesión de números que presenta una diferencia constante entre dos números consecutivos.

Esta diferencia, llamada *razón* o *diferencia* de la progresión, se suma a cada número para obtener el siguiente.

Progresión aritmética de razón 2:
1 3 5 7 9 11 13 15 17 19 21 23 25...
Progresión aritmética de razón 7:
1 8 15 22 29 36 43 50 57 64 71 78...
Si la razón es negativa, la progresión es decreciente.
Progresión aritmética de razón −4:
17 13 9 5 1 −3 −7 −11 −15 −19...
Nuestra numeración decimal puede asimilarse a una progresión aritmética de razón 1.

Dados a = primer término de la progresión
$\quad\quad n$ = último término de la progresión
$\quad\quad r$ = razón
$\quad\quad N$ = número de términos
$\quad\quad S$ = suma de los términos de a a n,
se pueden aplicar las siguientes fórmulas:

$$n = a + [(N - 1) \times r] \quad\quad\quad S = (a + n) \times \frac{N}{2}$$

- Aplicación de la primera fórmula: ¿cuál es el décimo término de una progresión aritmética de razón 3 cuyo primer término es 12?
Solución: $12 + [(10 - 1) \times 3] = 12 + 27 = 39$

- Aplicación de la segunda fórmula: ¿Cuál es la suma de los 10 términos de la progresión aritmética de razón 3 que va de 12 a 39?

Solución: $(12 + 39) \times \dfrac{10}{2} = 51 \times 5 = 255$

Problema 26: cúmulo

¿Cuánto suman los primeros 999.999 números naturales?

La progresión geométrica

La progresión geométrica es una sucesión de números en la que cada número es igual al precedente multiplicado por un número constante llamado *razón*.

Progresión geométrica de razón 2

rango	número	rango	número
1	1	21	1.048.576
2	2	22	2.097.152
3	4	23	4.194.304
4	8	24	8.388.608
5	16	25	16.777.216
6	32	26	33.554.432
7	64	27	67.108.864
8	128	28	134.217.728
9	256	29	268.435.456
10	512	30	536.870.912
11	1.024	31	1.073.741.824
12	2.048	32	2.147.483.648
13	4.096	33	4.294.967.296
14	8.192	34	8.589.934.592
15	16.384	35	17.179.869.184
16	32.768	36	34.359.738.368
17	65.536	37	68.719.476.736
18	131.072	38	137.438.953.472
19	262.144	39	274.877.906.944
20	524.288	40	549.755.813.888

Progresión geométrica de razón 3:
   1 3 9 27 81 243 729 2.187 6.561 …
Progresión geométrica de razón 7:
   1 7 49 343 2.401 16.807 117.649…

Dados a = primer término de la progresión
         n = último término de la progresión
         r = razón
         N = número de términos
         S = suma de los términos a a n,

se pueden aplicar las fórmulas siguientes:

$$n = a \times r^{N-1} \qquad \qquad S = a \times \frac{r^N - 1}{r - 1}$$

Resulta difícil captar las magnitudes que puede alcanzar una progresión geométrica. A continuación, el ejemplo más famoso.

El juego de ajedrez

No se ha podido determinar el origen del juego de ajedrez. Se sabe que fue introducido en Occidente por los árabes, quienes lo habían aprendido de los persas. El califa Harún al-Rashid le regaló uno de marfil a Carlomagno. Ideado por un pueblo guerrero, dio pie a la anécdota que sigue.

Se atribuye su invención al brahmán hindú Sissan ben Daher, que presentó el juego al rey Shirham. Éste, embelesado, quiso compensar al brahmán y le pidió que formulara un deseo. Sissan le respondió que le bastaría con un grano de trigo para la primera casilla, 2 granos para la segunda casilla, 4 granos para la tercera y así sucesivamente, doblando la cantidad hasta la casilla 64 del tablero. Al monarca le sorprendió la modestia de semejante petición y dio la orden de satisfacerla. «Imposible —le respondió su ministro tras haber efectuado los cálculos correspondientes— ¡habría que sembrar toda la Tierra de trigo y esperar la cosecha de varios años!»

El soberano ignoraba el alcance de una progresión geométrica de razón 2 hasta 2^{63}:

colocando en la 1ª casilla 1 grano de trigo;
en la 2ª casilla 2 granos, o 2^1;
en la 3ª casilla 4 granos, o 2^2;
en la 4ª casilla 8 granos, o 2^3;
......

en la casilla 64ª habría 2^{63} granos. Este total representaría:

$2^{63\ +1} - 1 = 18.446.744.073.709.551.615$ granos, lo que equivale a unos $9.557.898.400.000 \text{ m}^3$ de trigo.

Si hubiera que almacenar toda esta cantidad de trigo, haría falta un silo de 5 m de altura, 8 m de ancho y 238.947.460 km de largo. Una alternativa sería ir suministrando al audaz inventor del juego la cosecha entera de todo el mundo durante más de 5.000 años.

Los llamados «juegos en cadena» se basan en el mismo principio y son simples engañabobos. Utilizados como sistemas de venta, conocidos también como «la pirámide», han sido prohibidos en varios países por tratarse de un timo. Consisten en ofrecer al público una mercancía a un precio muy módico para conseguir el reembolso y un beneficio sustancial a base de colocar bonos a 4, 6 u 8 nuevos clientes llamados «ahijados». La interrupción de la cadena es inevitable: en el escalón 13 de 6 nuevos ahijados, habría más poseedores de bonos (13.060.694.016) que habitantes en la Tierra.

Juego: plegado

Supongamos un papel de 1/10 mm de grosor. Si lo doblamos 20 veces, ¿qué grosor se obtendría?

Respuesta:

Al 1er plegado, tenemos 2 capas de papel;

—2º   —   4   —
—3er   —   8   —
—4º   —   16   —
—5º   —   32   —
... ...

y al 20º plegado, tendríamos 1.048.576 capas de papel super-puestas. El grosor sería:

0,10 mm × 1.048.576 = 104.857,6 mm, o 104,85 m (más de una tercera parte de la torre Eiffel).

***

Esto es cierto, pero resulta irrealizable en la práctica. Si apuestas con una persona que le será imposible doblar una hoja de papel 10 veces sobre sí misma (dejándole que elija el tamaño y el grosor de la hoja de papel), seguro que vas a ganar la apuesta: tal plegado es materialmente imposible con una hoja de papel de un tamaño inferior a 2,50 m.

***

Volvamos a nuestro plegado imaginario. Si seguimos doblando el papel, obtenemos:

al 20º plegado, el grosor sería de 104,8576 m;
—30º plegado,   —   107,3741824 km;
—40º plegado,   —   109.951,1627776 km;
—50º plegado,   —   112.589.990,6742624 km

(más de dos terceras partes de la distancia existente entre el Sol y la Tierra).

El fin del mundo

El matemático W. R. Ball nos cuenta la siguiente leyenda: bajo la cúpula de un templo de Benarés hay una placa de bronce que indica el centro del mundo. Sobre esta placa hay tres varillas verticales de un codo de longitud. Cuando el mundo fue creado, Dios colocó en una de las varillas 64 discos de oro de distinto tamaño y en forma decreciente, el de mayor diámetro en la base y arriba, el más pequeño. Este amontonamiento de discos recibe el nombre de torre de Brahma.

Los sacerdotes se turnan día y noche, sin descanso, para pasar los discos de una varilla a otra. Tienen que trasladarlos de uno en uno y no se puede colocar un disco sobre otro de diámetro inferior.

Cuando los 64 discos de la torre de Brahma hayan sido trasladados a otra varilla, el templo y el Universo se desplomarán. ¡Será el fin del mundo!

Al inicio, el sacerdote coloca el disco más pequeño, A, en una varilla libre: 1 movimiento.

Para mover el siguiente disco, B, hay que efectuar dos movimientos:

B en la varilla libre	A sobre B

Con el próximo disco hay que efectuar 4 movimientos:

C en la varilla libre	B sobre C
A en la torre de Brahma	A sobre B

La colocación del siguiente, D, requiere 8 movimientos:

D en la varilla libre	C sobre D
A sobre D	A en la varilla libre
B en la torre de Brahma	B sobre C
A sobre B	A sobre B

Y así sucesivamente, duplicando cada vez los movimientos.

¿Cuánto se tardaría en trasladar los 64 discos de la torre de Brahma a otra varilla?

El número total de movimientos es de $2^{64}-1$, es decir: 18.446.744.073.709.551.615. A razón de un movimiento por segundo, sin parar ni equivocarse, y teniendo en cuenta que hay 31.557.600 segundos en un año de 365,25 días, se necesitarían más de 584 millardos de años, exactamente 584.542.046.090 años, 7 meses, 15 días, 8 horas, 54 minutos y 24 segundos.

Pero ignoramos en qué fecha se inició la operación.

Los físicos que estudian el futuro de nuestro globo calculan que las estrellas, el Sol y los planetas se formaron hace unos 15 millardos de años y que, según la teoría vigente sobre la evolución del Universo, puede durar todavía unos 10 o 15 millardos de años.

¿Quién tiene razón, la leyenda hindú o la ciencia moderna?

***

En 1883, el matemático francés Édouard Lucas inventó y comercializó un juguete llamado «Torre de Hanoi», que es una simplificación de la torre de Brahma, con 3 varillas y 8 discos. El número de movimientos necesarios para lograr trasladar los discos se basa en la fórmula: $2^n - 1$ (siendo n el número de discos). Según el tiempo disponible por el jugador, éste puede avanzar más o menos en el juego.

Con 2 discos, se requieren 3 jugadas;
— 3 — 7 —
— 4 — 15 —
— 5 — 31 —
— 6 — 63 —
— 7 — 127 —
— 8 — 255 —

Para aquellas personas que disponen de poco tiempo para dedicarlo a las ciencias puras o que no tienen previsto terminar sus días en un templo de Benarés, proponemos el siguiente juego.

Problema 27: transferencias

Sobre una hoja de papel trazar 4 círculos de unos 6 cm de diámetro e identificarlos como A, B, C y D.

Sobre A colocar 6 monedas apiladas siguiendo el siguiente orden: 500 um, 100 um, 50 um, 25 um, 5 um y 1 um.

Se trata de trasladar estas 6 monedas del círculo A al B siguiendo las mismas normas establecidas por los brahmanes de la leyenda.

(La solución ideal exige tan sólo 17 movimientos.)

Potencias

Cuando se multiplica un número por sí mismo, el resultado es una potencia de dicho número. Así:

7×7, *que se escribe* 7^2 (*y se lee* 7 elevado a 2);
$7 \times 7 \times 7 \times 7$, *que se escribe* 7^4 (*y se lee* 7 elevado 4).

El número de factores recibe el nombre de **exponente** (en los ejemplos de arriba, 2 y 4 son los exponentes).

Cuando el exponente es 2, el resultado se llama **cuadrado del número**:

6^2 o 6×6, o 36 es el cuadrado de 6.

Cuando el exponente es 3, el resultado se denomina **cubo del número**:

8^3 o $8 \times 8 \times 8$, o 512 es el cubo de 8.

Potencias del número 2

2^1	=	2
2^2	=	4
2^3	=	8
2^4	=	16
2^5	=	32
2^6	=	64
2^7	=	128
2^8	=	256
2^9	=	512
2^{10}	=	1.024
2^{11}	=	2.048
2^{12}	=	4.096
2^{13}	=	8.192
2^{14}	=	16.384
2^{15}	=	32.768
2^{16}	=	65.636
2^{17}	=	131.072
2^{18}	=	262.144
2^{19}	=	524.288
2^{20}	=	1.048.576
2^{21}	=	2.097.152
2^{22}	=	4.194.304
2^{23}	=	8.388.608
2^{24}	=	16.777.216
2^{25}	=	33.554.432

2^{26}	=	67.108.864
2^{27}	=	134.217.728
2^{28}	=	268.435.456
2^{29}	=	536.870.912
2^{30}	=	1.073.741.824
2^{31}	=	2.147.483.648
2^{32}	=	4.294.967.296
2^{33}	=	8.589.934.592
2^{34}	=	17.179.869.184
2^{35}	=	34.359.738.368
2^{36}	=	68.719.476.736
2^{37}	=	137.438.953.472
2^{38}	=	274.877.906.944
2^{39}	=	549.755.813.888
2^{40}	=	1.099.511.627.776
2^{41}	=	2.199.023.255.552
2^{42}	=	4.398.046.511.104
2^{43}	=	8.796.093.022.208
2^{44}	=	17.592.186.044.416
2^{45}	=	35.184.372.088.832
2^{46}	=	70.368.744.177.664
2^{47}	=	140.737.488.355.328
2^{48}	=	281.474.976.710.656
2^{49}	=	562.949.953.421.312
2^{50}	=	1.125.899.906.842.624

Potencias de 3	Potencias de 4	Potencias de 5
$3^1 = 3$	$4^1 = 4$	$5^1 = 5$
$3^2 = 9$	$4^2 = 16$	$5^2 = 25$
$3^3 = 27$	$4^3 = 64$	$5^3 = 125$
$3^4 = 81$	$4^4 = 256$	$5^4 = 625$
$3^5 = 243$	$4^5 = 1.024$	$5^5 = 3.125$
$3^6 = 729$	$4^6 = 4.096$	$5^6 = 15.625$
$3^7 = 2.187$	$4^7 = 16.384$	$5^7 = 78.125$
$3^8 = 6.561$	$4^8 = 65.536$	$5^8 = 390.625$
$3^9 = 19.683$	$4^9 = 262.144$	$5^9 = 1.953.125$
$3^{10} = 59.049$	$4^{10} = 1.048.576$	$5^{10} = 9.765.625$

En la tabla de las páginas 262 a 269 aparecen los cuadrados y los cubos de los números de 1 a 100.

Explicación de la sorprendente multiplicación de la página 59:

$$2^{33} \times 5^{33} = 10^{33}$$

Cualquier producto o cociente de números con un exponente común tendría una igualdad análoga.

Ejemplo: $21^4 : 3^4 = 7^4$

Igualdad de potencias

$$8^5 = (2^3)^5 = 2^{3 \times 5} = 2^{15} \text{ (ya que } 8 = 2^3).$$

De igual forma:

$$32^{48} = 2^{5 \times 48} = 2^{240} \text{ (ya que } 32 = 2^5);$$
$$1.024^{11} = 2^{10 \times 11} = 2^{110} \text{ (ya que } 1.024 = 2^{10});$$
$$625^{100} = 5^{4 \times 100} = 5^{400} \text{ (ya que } 625 = 5^4).$$

Suma de potencias

Para calcular la suma S de las potencias de un número n (de n^1 a n^x), hay que aplicar la siguiente fórmula:

$$S = \frac{n^{x+1} - 1}{n - 1} - 1$$

(siendo x la potencia más elevada).

Si el número n es 2, la fórmula pasa a ser:

$$S = 2^{x+1} - 2.$$

Y si se quiere incorporar 1 (que es 2^0) a la serie, la fórmula es

$$S = 2^{x+1} - 1.$$

(Ver aplicación en la página 88)

El camino hacia el infinito

El número más grande que se puede obtener empleando tres veces la misma cifra es:

- para el 1 111 $>$ 11^1 $>$ 1^{11} $=$ 1^{1^1}
  valor   **111**   **11**   **1**   **1**

- para el 2 2^{22} $>$ 22^2 $>$ 222 $>$ 2^{2^2}
  valor   **4.194.304**   **484**   **222**   **16**

- para el 3 3^{33} $>$ 3^{3^3} $>$ 33^3 $>$ 333 [1]
  valor **5.559.060.566.555.523**

                     7.625.597.484.987

                         35.937   **333**

---

1. 3^{3^3} significa $3^{(3^3)}$, o bien 327, es decir 7.625.597.484.987 y no $(3^3)^3$, o 27^3, que sería 19.683.

- para el 4 $\quad 4^{4^4} \quad > \quad 4^{44} \quad > \quad 44^4 \quad > \quad 444$
  valor $\quad x \quad\quad\quad y \quad\quad\quad$ **3.748.096** $\quad$ **444**

Observamos que el crecimiento es rápido.
Y si tomamos un número más alto, obtenemos:

$$9^{9^9} \text{ o } 9^{387.420.489}$$

Dejamos al lector el trabajo de calcular este número, advirtiéndole que se compone de 369.693.101 dígitos, que los primeros son 9.431.549, que el último es 9 y que el papel necesario para escribir el número, a razón de dos dígitos por centímetro, mediría 1.848 km y 465,50 m.

Problema 28: de poco a mucho

¿Cuál es el número más grande que puede escribirse con tres 1 y tres 0?

Los cuadrados

En el cuadro de las páginas 262-269 aparecen los cuadrados de los números de 1 a 100. Analicemos los primeros cuadrados. Observamos que la diferencia entre los cuadrados consecutivos es la sucesión de los números impares.

Número	Cuadrado	Diferencia
1	1	
2	4	3
3	9	5
4	16	7
5	25	9
6	36	11
7	49	13
8	64	15
9	81	17
10	100	19

En consecuencia, en el cuadrado de un número n podemos ver la suma de los números impares de 1 a $2n - 1$.

$$1^2 = 1$$
$$2^2 = 1 + 3$$
$$3^2 = 1 + 3 + 5$$
$$4^2 = 1 + 3 + 5 + 7$$
$$5^2 = 1 + 3 + 5 + 7 + 9$$
$$6^2 = 1 + 3 + 5 + 7 + 9 + 11$$
$$7^2 = 1 + 3 + 5 + 7 + 9 + 11 + 13$$
$$8^2 = 1 + 3 + 5 + 7 + 9 + 11 + 13 + 15$$
$$9^2 = 1 + 3 + 5 + 7 + 9 + 11 + 13 + 15 + 17$$
$$10^2 = 1 + 3 + 5 + 7 + 9 + 11 + 13 + 15 + 17 + 19$$

Esto también puede traducirse en el dibujo de la página siguiente:

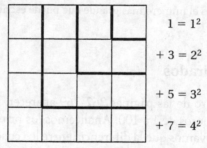

$1 = 1^2$

$+ 3 = 2^2$

$+ 5 = 3^2$

$+ 7 = 4^2$

La diferencia entre los cuadrados de dos números consecutivos es igual al doble del número más pequeño, más 1:

$$71^2 - 70^2 = (70 \times 2) + 1$$

El cuadrado más pequeño posible formado con las 9 primeras cifras es $139.854.276 = 11.826^2$

El cuadrado más grande posible es $923.187.456 = 30.384^2$.

***

El cuadrado más pequeño posible formado con las diez primeras cifras es $1.026.753.849 = 32.0432$

El cuadrado más grande posible es $9.814.072.356 = 99.066^2$.

Problema 29: juego de bolas

Con 625 bolas podemos llenar un cuadrado con 25 bolas en cada lado.

¿Podríamos llenar dos cuadrados con este mismo número de bolas?

Suma de cuadrados

En los primeros tiempos de la artillería se colocaba cerca del cañón una reserva de proyectiles, ya fueran de piedra o de hierro, apilados en forma de pirámide con la base cuadrada (todavía pueden verse estas balas a la entrada de algunos palacios o castillos antiguos). Estas pirámides se levantaban sobre una base de arena para evitar que se desparramaran las balas, y cada capa formaba un cuadrado más pequeño que el inferior hasta terminar en un solo proyectil.

Para saber cuántas balas hay en una pirámide de estas características hay que aplicar la siguiente fórmula:

$$N = \frac{n(n+1)(2n+1)}{6}$$

siendo N el número total de proyectiles y n el lado de la base, o el número de capas. En el dibujo de arriba hay:

$$\frac{5 \times 6 \times 11}{6} = 55 \text{ bolas de cañón}$$

Las capas contienen, de arriba abajo:

1,   4,   9,   16,   25 unidades

Suma de los cuadrados	Diferencias
1^2 = 1	4
de 1^2 a 2^2 = 5	9
de 1^2 a 3^2 = 14	16
de 1^2 a 4^2 = 30	25
de 1^2 a 5^2 = 55	36
de 1^2 a 6^2 = 91	49
de 1^2 a 7^2 = 140	64
de 1^2 a 8^2 = 204	81
de 1^2 a 9^2 = 285	100
de 1^2 a 10^2 = 385	
etc.	

Las sumas de los cuadrados están separadas por la secuencia de los cuadrados.

Extracción de la raíz cuadrada

El cuadrado de 24 es 24 × 24, o 576.

La raíz cuadrada de 576 es 24.

Se escribe $\sqrt{576} = 24$

Con una calculadora podemos extraer fácilmente la raíz cuadrada de un número, pero sin ella deberemos recurrir al viejo método.

a) Raíz cuadrada de un número inferior a 10.000 con una aproximación de una unidad

Sea $\sqrt{3.586}$ Dividir este número en grupos de dos cifras comenzando por la derecha. Disponerlos así:

$$35 \, . \, 86 \, \big| \, B$$
$$ A \, \big| \, C$$

Desarrollo de la operación:

Poner en B la cifra (5) cuyo cuadrado sea inferior a 35. Anotar el cuadrado de 5 (25) en A, debajo del 35. Restar. Quedan 10. Bajar el grupo de dos cifras siguientes (86). Obtenemos 1.086 .

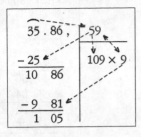

Escribir en C el doble del número que tenemos en B. Probar con un número (9) colocado a la derecha del 10 y multiplicar 109 por esta misma unidad 9. Obtenemos 981 que trasladaremos a A debajo de 1.086. Restar. Queda 105.

Puesto que la cifra 9 es adecuada, la colocaremos en B después del 5.

Aquí nos detendremos ya que hemos llegado a la coma.

El resultado de la extracción de la raíz calculada aparece en B.

$$\sqrt{3.586} = 59^2 + 105$$

b) Raíz cuadrada de un número cualquiera con una aproximación de a

Ejemplo: $\sqrt{5.213.687}$ con una aproximación de $\dfrac{1}{100}$.
(mismo esquema A, B, C que arriba).

Dividir un número dado en grupos de dos cifras a partir de la coma, hacia la izquierda y hacia la derecha.

Escribir en B la raíz de 5 (primer grupo de A); es 2. Poner el cuadrado de 2 bajo el 5. Restar; queda 1. Bajar el segundo grupo. Obtenemos 121. Ponemos en C el doble (4) del resultado que aparece en B.

Probar con una cifra (3) colocada a la derecha del 4 y multiplicar 43 por esta cifra (3). Se obtiene 129, número demasiado alto para restarlo de 121. Tachar 43×3.

Ensayar 42×2. El producto de esta operación (84) se coloca en A para restarlo de 121. Queda 37.

5 . 21 . 36 . 87 , 00	2.283,34
	43 × 3 = 129
− 4	42 × 2 = 84
1 21	448 × 8 = 3.584
− 84	4.563 × 3 ,
37 36	45.663 × 3
− 35 84	456.664 × 4
1 52 87	
− 1 36 89	
15 98 , 00	
− 13 69 , 89	
2 28 , 11 00	
− 1 82 , 66 56	
45 , 44 44	

Bajar el siguiente grupo (36). Puesto que el 2 ha ido bien, colocarlo en B a continuación del 2 ya hallado.

Doblar 22 y colocar el 44 en C, debajo del 42 × 2. Probar el 8 para hallar el producto de 448 × 8, que es 3.584 y que se colocará en A. Restar este último número de 3.736. Dado que el 8 ha ido bien, ponerlo en B.

Doblar el número 228 de A y colocar este doble (456) en C.

Seguir así y detenerse dos cifras después de la coma en B.

$$\sqrt{5.213.687} = 2.283,34^2 + 45,4444$$

Existen dos raíces cuadradas que merece la pena recordar porque son de uso frecuente en matemáticas:

$\sqrt{2} = 1,414$ $\sqrt{3} = 1,732$

En un cuadrado de lado c,
la diagonal es igual a
$c\sqrt{2}$.

En un cubo de arista a,
la diagonal interior es igual a
$a\sqrt{3}$.

Para ser más precisos, $\sqrt{2}$ es 1,414213562373095048...

La diagonal interior

¿Cómo medir la diagonal interior de un cubo (o de un paralelepípedo, o de un cilindro)?

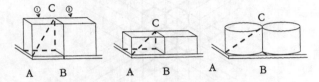

Poner el cubo en el borde de una mesa de ángulos rectos (posición ①). Marcar el punto B. Mover el cubo a la posición . Medir la distancia AC.

Cuadrados curiosos

$$\frac{3^2 + 4^2 + 5^2 + 6^2 + 7^2 + 8^2 + 9^2}{1^2 + 2^2 + 3^2 + 4^2 + 5^2 + 6^2 + 7^2} = 2$$

Fichas, burbujas y bolas

Si ponemos unas contra otras las fichas de un juego de damas, se forma una figura parecida a las celdillas de un panal de abejas.

Unas bolas apretadas entre sí, unas burbujas en la superficie de un líquido adoptan también esta figura, según una triangulación de 60°.

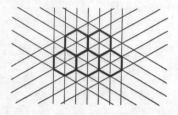

A.— Fichas colocadas en **triángulo equilátero**.

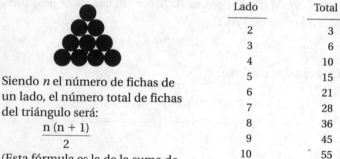

Siendo n el número de fichas de un lado, el número total de fichas del triángulo será:

$$\frac{n(n+1)}{2}$$

(Esta fórmula es la de la suma de los n primeros números.)

Lado	Total
2	3
3	6
4	10
5	15
6	21
7	28
8	36
9	45
10	55

B.— Fichas colocadas en **rombo**.

Siendo n el número de fichas de un lado, en el rombo hay un total de n^2 fichas.

Lado	Total
2	4
3	9
4	16
5	25
6	36
7	49
8	64
9	81
10	100

C.— Fichas colocadas formando un **pentágono en racimo** (con el mismo número de elementos en el lado superior que en los dos adyacentes.

Siendo n el número de fichas del lado superior, necesitamos

$$\left[\frac{n \times (n-1)}{2} \times 7\right] + 1$$

fichas para hacer un pentágono en racimo.

Lado superior	Total
2	8
3	22
4	43
5	71
6	106
7	148
8	197
9	253
10	316

D.— Fichas colocadas formando un **hexágono regular**.

Lado	Total
2	7
3	19
4	37
5	61
6	91
7	127
8	169
9	217
10	271

Siendo n el número de fichas de un lado, el total de piezas del hexágono será:

$(n \times [(n \times 3) - 3]) + 1$,

o $[n \times (2n - 1)] + (n - 1)^2$

E.— Bolas formando **una pirámide de base triangular** equilátera.

Lado total de la base	Capa superior	Total
1	1	1
2	3	4
3	6	10
4	10	20
5	15	35
6	21	56
7	28	84
8	36	120
9	45	165
10	55	220

Siendo n el número de bolas de un lado de la base, una capa vale

$$\frac{n(n+1)}{2}$$

y la cantidad N de bolas necesarias para levantar esta pirámide es:

$$N = \frac{n(n+1)(n+2)}{6}$$

F.— Bolas formando una **pirámide de base cuadrada**.

Lado total de la base	Capa superior	Total
1	1	1
2	4	5
3	9	14
4	16	30
5	25	55
6	36	91
7	49	140
8	64	204
9	81	285
10	100	385

Siendo n el número de bolas de un lado de la base, una capa tiene n^2 y la cantidad de bolas necesarias para levantar esta pirámide es:

$$N = \frac{n(n+1)(2n+1)}{6}$$

Es la suma de los cuadrados. Ver página 100.

G.— Bolas formando una **pirámide de base rectangular**.

Algunos ejemplos:

L	l	Última capa	Total
10	3	30	56
7	4	28	60
6	5	30	70
20	9	180	780
38	8	304	1.284

Esta estructura es parecida a la de una montón de naranjas apiladas en una frutería. Siendo L y l los lados de la base, el número de capas es igual a l. Una capa contiene: $L \times l$ unidades. El número total N de frutas que forman en montón es:

$$\left[\frac{l \times (l + 1)(2l + 1)}{6} \right] + \left[(L - l)\left(l^2 - \frac{l \times (l - 1)}{2} \right) \right]$$

Problema 30: escalonado de cuadrados

Dos números enteros consecutivos tienen por cuadrados 633.616 y 635.209, ¿cómo hallar fácilmente (sin extraer la raíz cuadrada) el cuadrado del número entero siguiente?

Los cubos

En aritmética, los cubos reciben este nombre porque son la expresión del volumen de un cubo geométrico del que se conoce la arista a:

$$a \times a \times a = a^3$$

Los primeros cubos de la numeración son:

1^3	=	1		6^3	=	216
2^3	=	8		7^3	=	343
3^3	=	27		8^3	=	512
4^3	=	64		9^3	=	729
5^3	=	125		10^3	=	1.000

(Ver el cubo de los números del 1 al 100 en la página 262.)

Suma de cubos

La suma de los cubos equivale a un gran cuadrado.

a) Empezando por 1^3: la suma de los cubos de los n primeros números enteros es igual al cuadrado de la suma de estos números.

$$1^3 = 1^2$$
$$1^3 + 2^3 = (1 + 2)^2$$
$$1^3 + 2^3 + 3^3 = (1 + 2 + 3)^2$$
$$1^3 + 2^3 + 3^3 + \ldots + n^3 = (1 + 2 + 3 + \ldots + n)^2$$

La fórmula es: $\quad S = \left[n^2 - \dfrac{n\,(n-1)}{2} \right]^2$

o simplemente: $\quad S = \left[\dfrac{n\,(n+1)}{2} \right]^2$

Existe una forma muy sencilla de hallar la suma de los cubos. Puede dibujarse:

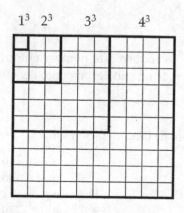

El conjunto vale: $1 + 8 + 27 + 64 = 100$, o $10 \times 10 = 100$

b) No empezando por 13: la suma de los cubos de los números de n^3 a p^3 (ambos cubos incluidos) es:

$$S = \left[\frac{p\,(p + 1)}{2} \right]^2 - \left[\frac{n\,(n - 1)}{2} \right]^2$$

Secuencias lógicas

Las series de números y letras son secuencias lógicas:

1   2   3   4   5   6   7   ...
A   B   C   D   E   F   G   ...

- Pueden inventarse otras secuencias:
  1   3   9   27   81   ...
  (progresión geométrica de razón 3);

- 1   3   6   10   15   ...
  (progresión con diferencias crecientes:
  + 2, + 3, + 4, + 5, ...);

- A   C   D   F   G   I   J   L   ...
  (se omite una letra cada dos letras);

- 6   8   7   9   8   10   9   ...
  (más 2, menos 1, más 2, menos 1...);

- C   B   C   D   C   F   G   H   C   J   ...
  (las letras que faltan han sido sustituidas por C);

- 1   2   6   24   120   720   ...
  (cada número ha sido multiplicado por 2, 3 ,4, 5...).

Problema 31: seguir al guía

a) Completar la siguiente serie:

12 9 11 8 10 7 9

b) Completar el tercer esquema:

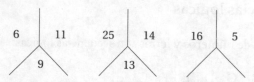

c) ¿Qué dibujo no debería estar en esta serie?

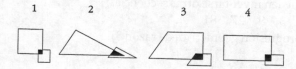

El formato normalizado adoptado para comercializar papel es un buen ejemplo de secuencia lógica. Empezando por el formato mayor A 0, se obtienen sucesivamente los inferiores dividiendo por 2 la dimensión mayor:

A 0	:	1.189 mm	por	841 mm
A 1	:	841 mm	–	594 mm
A 2	:	594 mm	–	420 mm
A 3	:	420 mm	–	297 mm
A 4	:	297 mm	–	210 mm
A 5	:	210 mm	–	148 mm
A 6	:	148 mm	–	105 mm
A 7	:	105 mm	–	74 mm
A 8	:	74 mm	–	52 mm
A 9	:	52 mm	–	37 mm
A 10	:	37 mm	–	26 mm

(En cada formato, la relación longitud / anchura es próxima a $\sqrt{2}$.)

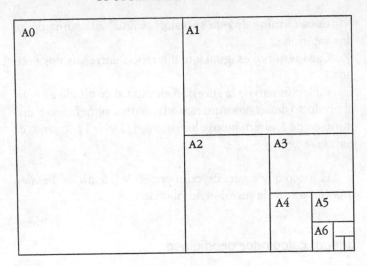

Problema 32: secuencias

Continuar las secuencias siguientes:

5   5   2   8   9   4   7 ...

hallando en cada caso la clave que rige el orden lógico.

La sucesión de Fibonacci

El matemático italiano Fibonacci, llamado de Leonardo de Pisa, vivió de 1175 a 1245 aproximadamente. Con su obra *Liber abbaci* difundió en Occidente el álgebra árabe y el uso de los números árabigos. Se le debe también la serie llamada «sucesión de Fibonacci»:

0   1   1   2   3   5   8   13   21   34   55   89
144   233   377   610   987   1.597   2.584   4.181
6.765   10.946   17.711   28.657   46.368   etc.

ANDRÉ JOUETTE

Cada término de esta sucesión es igual a la suma de los dos anteriores.

Cada término es igual a la diferencia entre sus dos vecinos.

Cada número de la sucesión elevado al cuadrado es igual al producto de los dos números adyacentes aumentado o disminuido de 1, alternándose los signos + 1 y − 1 a lo largo de toda la serie.

El juego que sigue, descrito por R. V. Heath, se basa en una variante de la sucesión de Fibonacci.

Juego: calculador prodigioso

Pedirle a alguien que escriba dos números inferiores a 10 sin enseñarlos, uno debajo de otro. Decirle que los sume, que ponga el total debajo, y que vaya sumando los dos últimos números hasta obtener una columna de 10 números.

En este punto te muestran la columna y, sin contar, anuncias la suma total de los 10 números.

Clave: el total es el 4º número empezando por el final, multiplicado por 11.

Ejemplo:		
	6	Partiendo de la base de la columna, el cuarto número es 70. Multiplicado por 11, se obtiene 770. Verificar que la suma de los diez números es 770. (Ver en la página 128 cómo multiplicar mentalmente por 11.)
	5	
	11	
	16	
	27	
	43	
	70	
	113	
	183	
	296	

112

Éxitos y fracasos

Permutaciones

La **permutación** de objetos distintos permite reunirlos en todos los órdenes posibles. El número de permutaciones de n objetos es igual al producto de los n primeros números enteros consecutivos: es el **factorial del número n**, y se escribe $n!$

Factorial de los 20 primeros números:

1!	=		1
2!	=	$1 \times 2 =$	2
3!	=	$1 \times 2 \times 3 =$	6
4!	=	$1 \times 2 \times 3 \times 4 =$	24
5!	=	$1 \times 2 \times 3 \times 4 \times 5 =$	120
6!	=	$1 \times 2 \times 3 \times 4 \times 5 \times 6 =$	720
7!	=		5.040
8!	=		40.320
9!	=		362.880
10!	=		3.628.800
11!	=		39.916.800
12!	=		479.001.600
13!	=		6.227.020.800
14!	=		87.178.291.200
15!	=		1.307.674.368.000
16!	=		20.922.789.888.000
17!	=		355.687.428.096.000
18!	=		6.402.373.705.728.000
19!	=		121.645.100.408.832.000
20!	=		2.432.902.008.176.640.000

El factorial de 100 tiene 158 cifras y el de 1.000 tiene 2.568.

La secuencia de factoriales empieza con pocas cifras, pero crece rápidamente hasta alcanzar cifras desmesuradas. Por ello los matemáticos expresan este crecimiento con un punto de exclamación.

Ejemplos de permutaciones

- Con las tres letras A, B, C, se obtienen 6 permutaciones: ABC, ACB, BAC, BCA, CAB, CBA.
- Con las cuatro cifras de 3.752 se pueden escribir 24 números, es decir 4! números.
- En una carrera en la que participan 15 caballos, hay 15! órdenes de llegada posibles, es decir 1.307.674.368.000 llegadas a considerar.
- Si n personas se sientan en un banco, el número de posiciones posibles es el factorial $n!$ (con 7 personas, hay 5.040 permutaciones posibles).
- Pero si estas mismas n personas se colocan alrededor de una mesa, el número de permutaciones posibles es $(n-1)!$ (con 7 personas, hay 720 permutaciones).

Suponiendo que 12 personas pretendieran almorzar y cenar juntas alrededor de una mesa, cambiando cada vez la posición general, necesitarían, para agotar todas las posibilidades 39.916.800 comidas, o sea 19.958.400 días (más de 546 siglos).

Torneo deportivo

Para organizar un torneo deportivo sabiendo el número x de equipos participantes, hay que prever el número N de partidos para que todos se enfrenten entre sí.

Fórmula que debe aplicarse:

$$N = \frac{x\,(x-1)}{2}$$

Si sólo participan dos equipos, con el enfrentamiento A/B se resuelve la competición.

Con la intervención de tres equipos, hay que prever tres partidos (A/B, A/C, B/C).

La progresión es como sigue:

2 equipos: 1 partido	12 equipos: 66 partidos
3 equipos: 3 partidos	13 equipos: 78 partidos
4 equipos: 6 partidos	14 equipos: 91 partidos
5 equipos: 10 partidos	15 equipos: 105 partidos
6 equipos: 15 partidos	16 equipos: 120 partidos
7 equipos: 21 partidos	17 equipos: 136 partidos
8 equipos: 28 partidos	18 equipos: 153 partidos
9 equipos: 36 partidos	19 equipos: 171 partidos
10 equipos: 45 partidos	20 equipos: 190 partidos
11 equipos: 55 partidos	etc.

En el caso de que el torneo prevea partidos de vuelta, el número de encuentros deberá doblarse.

Dada la magnitud que alcanzan estos números, los organizadores de ciertos campeonatos se han visto obligados a modificar el reglamento para organizar liguillas en las que los equipos participantes se enfrenten en grupos reducidos y no con la totalidad de los equipos.

Situación similar: en una reunión de representantes de quince naciones se utilizan 11 idiomas. Si cuando se celebran las reuniones de jefes de Estado, cada uno sólo hablara su propio idioma y hubiera que recurrir a intérpretes que hablasen dos lenguas cada uno, habría que movilizar:

$$\frac{11 \times 10}{2} = 55 \text{ intérpretes}$$

Apretones de manos

A la salida de una recepción, los invitados se separan cortésmente dándose la mano.

- ¿Cuántos apretones de manos se producirán sin tener en cuenta las parejas?

    La situación es parecida a la del torneo deportivo. Hay x personas y la fórmula:

$$\frac{x\,(x-1)}{2}$$

nos proporciona el número de apretones de mano intercambiados.

Ejemplo: si asisten 23 personas, se producirán

$$\frac{23 \times 22}{2} = 253 \text{ apretones de manos}$$

- Si asiste un número y de parejas, marido y mujer no se dan la mano; en este caso hay que aplicar la fórmula

$$\frac{x\,(x-1)}{2} - y$$

Ejemplo: si se despiden 12 personas, entre ellas 3 parejas, se darán

$$\frac{12 \times 11}{2} - 3 = 63$$

- Si sólo asisten parejas, se puede aplicar la fórmula:

$$\frac{x\,(x-1)}{2} - y$$

o también: $(y \times 2)\,(y - 1)$

Ejemplo: Con 8 parejas (o sea, 16 personas)

$$\frac{16 \times 15}{2} - 8 = 112 \text{ apretones de mano,}$$

o también $(8 \times 2)\,(8-1) = 16 \times 17 = 112$ apretones de mano.

Combinaciones

Recibe el nombre de **combinación** el grupo formado por p objetos tomados entre un conjunto de n objetos. Así, se hace una combinación cuando se destacan 3 caballos entre todos los participantes en una carrera.

El número posible de combinaciones se escribe de la siguiente manera:

$$C_n^p \text{ y tiene valor } \frac{n\,!}{p\,!\,(n-p)\,!}$$

Ejemplo: 10 caballos participan en una carrera. ¿Cuántas llegadas posibles tienen 3 caballos?

$$C_{10}^3 = \frac{10\,!}{3\,!\,(10-3)\,!} = \frac{10\,!}{3\,! \times 7\,!} = \frac{3\,628\,800}{6 \times 5\,040} = \frac{3\,628\,800}{30\,240} = 120$$

Es la *apuesta triple sin especificar el orden*. (Ver página 124.)

Ejemplo: ¿Cuántas manos posibles hay en el bridge?

Con la mano de 13 cartas y el juego de 52 cartas, tenemos:

$$C_{52}^{13} = \frac{52\,!}{13\,!\,(52-13)\,!} = \frac{52\,!}{13\,! \times 39\,!} = 635.013.559.600$$

En cambio, en el póquer, en el que cada jugador sólo recibe 5 cartas, las manos posibles son:

$$C_{52}^5 = 2.598.960$$

Variaciones

Las **variaciones** son combinaciones que tienen en cuenta el orden de los objetos dentro de los grupos elegidos.

El número de variaciones posibles de p objetos, dentro de un orden determinado y considerando un conjunto de n objetos, se rige por la siguiente fórmula:

$$V_n^p = \frac{n!}{(n-p)!}$$

Ejemplo: las 13 cartas del mismo color de un juego de naipes forman un paquete que, una vez barajado, se coloca sobre la mesa boca abajo. Dando la vuelta a las 3 primeras cartas, tenemos una posibilidad de descubrir rey-dama-valet en orden entre

$$V_{13}^3 = \frac{13!}{(13-3)!} = \frac{6\,227\,020\,800}{3\,628\,800} = 1.716$$

Ejemplo: en una carrera participan 8 caballos. ¿Cuántas llegadas posibles de 3 caballos dentro de cierto orden pueden producirse?

$$V_8^3 = \frac{8!}{(8-3)!} = \frac{8!}{5!} = \frac{40\,320}{120} = 336$$

Es la *apuesta triple especificando el orden.* (Ver página 123.)

Ejemplo: el código que permite la apertura de unas puertas especialmente protegidas está compuesto de 4 números distintos en un cierto orden.

Situado frente a un cuadro de control de 12 teclas (10 números y 2 letras), un intruso tiene una probabilidad entre 11.880 de adivinar el código:

$$V_{12}^4 = \frac{12!}{(12-4)!} = \frac{12!}{8!} = \frac{479\,001\,600}{40\,320} = 11.880$$

Con un teclado de 15 teclas, sólo existe una probabilidad entre 32.760:

$$V_{15}^4 = \frac{15!}{(15-4)!} = \frac{1\,307\,674\,368\,000}{39\,916\,800} = 32.760$$

La suerte y el riesgo

Diariamente se vende esperanza e ilusión en forma de toneladas de billetes de lotería, fichas de juegos de azar, boletos de apuestas de carreras de caballos, entre otros.

El Estado percibe un tanto por ciento variable, según los casos, sobre las recaudaciones que corresponden a la Lotería Nacional, a la ONCE, a la Loto o Primitiva, a la Bono-Loto, al Bingo, a las quinielas y a otras modalidades de apuestas.

Por tanto, el verdadero ganador es el Estado, que recauda sumas enormes de dinero antes de celebrarse pruebas y sorteos. En cuanto a los jugadores, sus beneficios son de dos tipos. Uno, aleatorio, está representado por las ganancias que dependen del azar. El otro, real, es el agradecimiento de todos los contribuyentes hacia aquellos que colaboran voluntariamente a los presupuestos del Estado.

La lotería primitiva

El boleto de este juego contiene 49 números. El bombo usado para el sorteo de los seis números ganadores contiene 49 bolas numeradas. Hay 49 probabilidades para la 1ª bola, 48 para la 2ª, 47 para la 3ª, 46 para la 4ª, 45 para la 5ª y 44 para la 6ª.

Así pues hay en total:

$49 \times 48 \times 47 \times 46 \times 45 \times 44 = 10.068.347.520$ posibilidades.

Por otra parte, existen 6! o 720 maneras distintas de disponer 6 bolas en distinto orden.

ANDRÉ JOUETTE

Por tanto, los boletos posibles alcanzan el número de

$$10.068.347.520 : 720 = 13.983.816 \text{ (es decir, } C_{49}^6\text{)}$$

El jugador que rellena un boleto de 8 apuestas tiene:

- 246.820 probabilidades entre 13.983.816 (1 probabilidad entre 57) de ganar la 5ª categoría con 3 aciertos;
- 13.545 probabilidades entre 13.983.816 (1 probabilidad entre 1.032) de ganar la 4ª categoría con 4 aciertos;
- 252 probabilidades entre 13.983.816 (1 probabilidad entre 55.491) de ganar la 3ª categoría con 5 aciertos;
- 6 probabilidades entre 13.983.816 (1 probabilidad sobre 2.330.636) de ganar la 2ª categoría con 5 números acertados y el complementario (éste cuenta con 43 posibilidades);
- 1 probabilidad sobre 13.983.816 de ganar la 1ª categoría con 6 aciertos.

En resumen, sus posibilidades son:

1,765040	entre 100	para la 5ª categoría
0,096861	—	— 4ª —
0,001802	—	— 3ª —
0,000042	—	— 2ª —
0,000007	—	— 1ª —
1,863752	—	en total

En conclusión, de cada 100 boletos jugados, 98 no sirven para nada (en términos de probabilidad, claro).

Un jugador que cubriera todas las posibilidades (13.983.816) tendría ante todo que trazar, sin equivocarse, 83.902.896 signos X (6 × 13.983.816). El costo de validar sus 13.983.816 : 8 = 1.747.977 boletos sería de 800 um (boleto de 8 columnas) × 1.747.977 = 1.398.381.600 um.

En un sorteo típico, por ejemplo, habría ganado (suponiendo que fuese el único acertante):

$$1.227 \text{ um} \times 246.820 = 302.848.140 \text{ um (5}^a \text{ categoría)}$$
$$14.058 \text{ um} \times 13.545 = 190.413.314 \text{ um (4}^a \text{ categoría)}$$
$$503.722 \text{ um} \times 252 = 126.937.944 \text{ um (3}^a \text{ categoría)}$$
$$10.578.161 \text{ um} \times 6 = 63.468.965 \text{ um (2}^a \text{ categoría)}$$
$$324.396.986 \text{ um} \times 1 = 324.396.986 \text{ um (1}^a \text{ categoría)}$$

o sea un total de   1.008.065.349 um

Este jugador habría perdido no sólo su tiempo, sino también:

$$1.398.381.600 \text{ um} - 1.008.065.349 \text{ um} = 390.316.251 \text{ um}$$

Juego: adivinar la edad

El conductor del juego pide a los participantes:

- que elijan una cifra cualquiera de 1 a 9 y la multipliquen por 9;
- que multipliquen su edad por 10;
- que resten el primer resultado del segundo;
- que anuncien el resultado.

Ya puedes desvelar la edad del jugador o jugadores participantes en el juego.

Clave: el jugador te da un número de 3 cifras; suma la última cifra a las 2 primeras: ésa es la edad. Si el número anunciado tiene 2 cifras, súmalas y obtendrás la edad.

Ejemplo: (siendo la edad 35 años y el número elegido 7) tenemos:

$$7 \times 9 = 63$$
$$35 \times 10 = 350$$
$$350 - 63 = 287$$
$$28 + 7 = 35$$

Carreras de caballos

A. Apuesta doble

Con n participantes, existen $\dfrac{n(n-1)}{2}$ combinaciones posibles

de llegada de 2 caballos, *cualquiera que sea el orden de llegada*.

Con	El que apuesta una combinación tiene una posibilidad de ganar entre:	
2 caballos	$\dfrac{2 \times 1}{2} = 1$	1
3 caballos	$\dfrac{3 \times 2}{2} = 3$	3
4 caballos	$\dfrac{4 \times 3}{2} = 6$	6
5 —		10
6 —		15
7 —		21
8 —		28
9 —		36
10 —		45
11 —		55
12 —		66
13 —		78
14 —		91
15 —		105
16 —		120
17 —		136
18 —		153
19 —		171
20 —		190

B. Apuesta triple

Con *n* caballos participantes, las posibilidades de llegada vienen dadas por la siguiente fórmula:

$\dfrac{n!}{(n-3)!}$ si se especifica el orden de llegada (triple en orden)

$\dfrac{n!}{3!(n-3)!}$ si no se especifica el orden de llegada (triple en desorden)

También pueden utilizarse las siguientes fórmulas simplificadas:

a) Con *n* participantes, existen **n (n − 1) (n − 2)** combinaciones posibles de llegada de 3 caballos, *precisando el orden de llegada*.

Con	El que apuesta una combinación tiene una posibilidad de ganar entre:		
3 caballos	3 × 2 × 1	=	6
4 —	4 × 3 × 2	=	24
5 —	5 × 4 × 3	=	60
6 —	6 × 5 × 4	=	120
7 —			210
8 —			336
9 —			504
10 —			720
11 —			990
12 —			1.320
13 —			1.726
14 —			2.184
15 —			2.730
16 —			3.360
17 —			4.080
18 —			4.896
19 —			5.184
20 —			6.840

b) Con n participantes, existen $\dfrac{n\,(n-1)\,(n-2)}{6}$ combinaciones

posibles de llegada de 3 *sin especificar el orden*.

Con	El que apuesta entre 3 caballos tiene una posibilidad de ganar entre:
3 caballos	$\dfrac{3 \times 2 \times 1}{6} = 1$
4 —	$\dfrac{4 \times 3 \times 2}{6} = 4$
5 —	10
6 —	20
7 —	35
8 —	56
9 —	84
10 —	120
11 —	165
12 —	220
13 —	286
14 —	364
15 —	455
16 —	560
17 —	680
18 —	816
19 —	969
20 —	1.140

C. Apuesta cuádruple

a) Con n caballos participantes, existen

$$n\,(n-1)\,(n-2)\,(n-3)$$

combinaciones posibles de llegada de 4 caballos *precisando el orden de llegada*.

Con	El que apuesta entre 4 caballos tiene una posibilidad de ganar entre:	
4 caballos	$4 \times 3 \times 2 \times 1$ =	24
5 —	$5 \times 4 \times 3 \times 2$ =	120
6 —	$6 \times 5 \times 4 \times 3$ =	360
7 —		840
8 —		1.680
9 —		3.024
10 —		5.040
11 —		7.920
12 —		11.880
13 —		17.160
14 —		24.024
15 —		32.760
16 —		43.680
17 —		57.120
18 —		73.440
19 —		93.024
20 —		116.280

b) Con n caballos a la salida, existen

$$\frac{n\,(n-1)\,(n-2)\,(n-3)}{24}$$

combinaciones posibles de llegada de 4 caballos, *sin especificar el orden.*

Con	El que apuesta entre 4 caballos tiene una posibilidad de ganar entre:	
4 caballos	$\dfrac{4 \times 3 \times 2 \times 1}{24}$ =	1
5 caballos	$\dfrac{5 \times 4 \times 3 \times 2}{24}$ =	5
6 —		15
7 —		35
8 —		70

Con	El que apuesta entre 4 caballos tiene una posibilidad de ganar entre:
9 —	126
10 —	210
11 —	330
12 —	495
13 —	715
14 —	1.001
15 —	1.365
16 —	1.820
17 —	2.380
18 —	3.060
19 —	3.876
20 —	4.845

D. Apuesta quíntuple

a) Con n caballos en la salida, existen

$$n\,(n-1)\,(n-2)\,(n-3)\,(n-4)$$

Combinaciones posibles de llegada de 5 caballos *precisando el orden de llegada*.

Con	El que apuesta entre 5 caballos tiene una posibilidad de ganar entre:
5 caballos	$5 \times 4 \times 3 \times 2 \times 1 = 120$
6 —	$6 \times 5 \times 4 \times 3 \times 2 = 720$
7 —	$7 \times 6 \times 5 \times 4 \times 3 = 2.520$
... ...	

b) Existen 120 posibilidades más de acertar los 5 caballos si no se especifica el orden.

Con	Existe una posibilidad entre
5 caballos	1
6 —	6
7 —	21
... ...	

Problema 33: a caballo

En un espectáculo de caballos, los jinetes han situado sus caballos en forma de triángulo con un vértice dirigido a la izquierda:

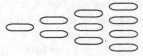

¿Cómo transformar la figura para que el triángulo quede con un vértice dirigido a la derecha, desplazando tan sólo 3 caballos?

Cálculo mental

Las personas que son esclavas de la calculadora tienen muchas desventajas.

- Tomar la mitad significa dividir por 2.
  Tomar un tercio significa dividir por 3.
  Tomar un cuarto significa dividir por 4.
- Un número entero se multiplica por 10, 100, 1.000... añadiendo 1, 2, 3... ceros.

$$47 \times 10.000 = 470.000$$

- Un número decimal se multiplica por 10, 100, 1.000…
desplazando la coma hacia la derecha 1, 2, 3… posiciones.

$$3,51 \times 1.000 = 3.510 \qquad 0,063 \times 100 = 6,3$$

- Para multiplicar por 5, hay que multiplicar por 10 y tomar
la mitad.

$$42 \times 5 = (42 \times 10) : 2 = 420 : 2 = 210$$

- Para multiplicar por 20, 30, 40 …, basta con multiplicar
por 2, 3, 4… y luego por 10.

- Para multiplicar por 50, hay que multiplicar por 100 y tomar la mitad.

- Para multiplicar un número por 9, basta con multiplicar
por 10 y luego restar este número del total.

$$14 \times 9 = (14 \times 10) - 14 = 140 - 14 = 126$$

- Para multiplicar por 11

a) una sola cifra: doblarla.

$$8 \times 11 = 88$$

b) un número de dos cifras: sumar las dos cifras y colocar
el total entre ambas.

$$43 \times 11 = 473$$

Si la suma total de las dos cifras da más de 9, sumar la
decena al primer número.

$$39 \times 11 = \begin{array}{r} 3 \quad 9 \\ + 1 \ 2 \\ \hline 4 \ 2 \ 9 \end{array}$$

c) un número de tres cifras o más: multiplicar por 10 y sumar el número inicial.

$$351 \times 10 = 3.510$$
$$\underline{+ \ 351}$$
$$3.861$$

- Para multiplicar
  por 0,5 : tomar la mitad
  por 0,25 : tomar una cuarta parte
  por 2,5 : multiplicar por 10 y tomar una cuarta parte
  por 25 : multiplicar por 100 y tomar una cuarta parte
  por 0,75 : tomar 3/4
  por 7, 5 : multiplicar por 10 y tomar 3/4

- Para dividir
  por 0,5 : multiplicar por 2
  por 5 : dividir por 10 y multiplicar por 2.
  por 0,25 : multiplicar por 4.
  por 0,75 : tomar los 4/3.

(Divisibilidades: ver página 66.)

Equivalencia entre fracciones, porcentajes y decimales

$1/2 = 50\,\%$	$= 0,5$		$1/10 = 10\,\%$	$= 0,10$	
$1/3 = 33\,^1/_3\,\%$	$= 0,333...$		$1/12 = 8\,^1/_3\,\%$	$= 0,08333...$	
$1/4 = 25\,\%$	$= 0,25$		$1/15 = 6\,^2/_3\,\%$	$= 0,06666...$	
$1/5 = 20\,\%$	$= 0,20$		$1/20 = 5\,\%$	$= 0,05$	
$1/6 = 16\,^2/_3\,\%$	$= 0,1666...$		$1/25 = 4\,\%$	$= 0,04$	
$1/7 = 14\,^2/_7\,\%$	$= 0,142857...$		$1/30 = 3\,^1/_3\,\%$	$= 0,0333...$	
$1/8 = 12\,^1/_2\,\%$	$= 0,125$		$1/50 = 2\,\%$	$= 0,02$	
$1/9 = 11\,^1/_9\,\%$	$= 0,111...$		$1/100 = 1\,\%$	$= 0,01$	

Problema 34: encadenamiento

A un forjador le han entregado 8 trozos de cadena para que
haga una sola cadena (no cerrada) abriendo y soldando un número determinado de eslabones.

¿Cuántos deberá abrir?

Pulsaciones

Durante toda la vida, el corazón late sin parar. El ritmo va
disminuyendo hasta los cincuenta años, como indica el pulso
y flujo sanguíneo en la arteria de la muñeca.

Al nacer, late entre 130 y 140 pulsaciones por minuto,

al año	:	120 a 130		
a los 3 años	:	100		
a los 10 años	:	90		
a los 15 años	:	78		
de 15 a 20 años	:	76 en el hombre,	78 en la mujer	
de 20 a 25 años	:	70	—	76 —
de 25 a 50 años	:	70	—	72 —
a los 60 años	:	74	—	74 —
a los 80 años	:	78	—	78 —
a los 90 años	:	80	—	80 —

El dinero

Porcentajes

Cómo hallar el porcentaje o el tanto por ciento (%) de un número. Para calcular el porcentaje t de un número N se aplica la fórmula:

$$\frac{N \times t}{100}$$

Ejemplo: hallar el 7,5 % de 3.100.000 um.

Respuesta: $\dfrac{3.100.000 \times 7,5}{100} = 232.500$

Cómo calcular un porcentaje

Para averiguar qué tanto por ciento representa un número P de un número N, se aplica la siguiente fórmula:

$$\frac{P \times 100}{N}$$

Ejemplo: se han extraído 270 kg de metal puro de una roca mineral que pesaba 600 kg. ¿Qué porcentaje de metal puro contenía la roca? (o, ¿cuál es la tasa de rendimiento de esta roca, su contenido?).

Respuesta: $\dfrac{270 \times 100}{600} = 45\ \%$

Ejemplo: un electrodoméstico que tenía un precio de venta de 157.100 um, se vende ahora por 163.800 um ¿Cuál es el porcentaje de incremento?

Respuesta: el incremento es de

$$163.800 \text{ um} - 157.100 \text{ um} = 6.700 \text{ um}$$

El porcentaje de incremento con relación al precio anterior es:

$$\frac{6.700 \times 100}{157.100} = 4,26 \%$$

Cuando se anuncia una fracción o un porcentaje, sobre todo en las transacciones comerciales, es muy importante especificar a qué se aplica esta fracción o porcentaje.

Problema 35: los dos jarrones

Un anticuario llega a su casa por la noche y le dice a su esposa:
— Esta mañana he vendido un jarrón chino por 200.000 um, perdiendo un 20 % sobre el precio de compra. Pero por la tarde he vendido otro jarrón por 200.000 um, ganando un 25 % sobre su precio de compra. Finalmente, el negocio del día me ha ido bien.
— ¿Estás seguro? —le responde la esposa.

Intereses bancarios

Un capital invertido proporciona un interés destinado a compensar al inversor de la privación temporal de su capital. Se fija según cierto tipo y en función del tiempo de inversión.

A. Interés simple

Los intereses se calculan según la siguiente fórmula:

$$I = \frac{C \times t \times n}{100}$$

I = intereses
C = capital invertido
t = tipo de interés
n = tiempo en años

Para el cálculo de intereses, un año se compone de 12 meses de 30 días, o sea 360 días.

Si el tiempo se cuenta por meses, n se convierte en $\dfrac{meses}{12}$

Si el tiempo se cuenta por días, n se convierte en $\dfrac{días}{360}$

Ejemplos:

- rendimiento de 70.000 um invertidas al 5 % durante 8 años:

$$\frac{70.000 \times 5 \times 8}{100} = 28.000 \, um$$

- rendimiento de 30.000 um invertidas al 4 % durante 16 meses:

$$30.000 \times 4 \times \frac{16}{12} : 100 = 1.600 \, um$$

- rendimiento de 500.000 um invertidas al 5,5 % durante 4 años y 20 días:

$$\frac{500\,000 \times 5,5 \times 4}{100} + \left[\left(500\,000 \times 5,5 \times \frac{20}{360} \right) : 100 \right] =$$

$$1.100.000 \, um + 15.270 \, um = 1.115.270 \, um$$

Aplicando intereses simples al	un capital se dobla en
3 %	33 años y 4 meses
4 %	25 años
5 %	20 años
6 %	16 años y 8 meses
7 %	14 años, 3 meses y 14 días
8 %	12 años y 6 meses
9 %	11 años, 1 mes y 11 días
10 %	10 años

B. Interés compuesto

Algunos organismos bancarios (entre ellos las Cajas de Ahorros) aceptan las inversiones con interés compuesto: a final de cada año, los intereses generados se suman al capital inicial y producen a su vez intereses en adelante.

Las variaciones del capital inicial se calculan según la siguiente fórmula:

$$c \, (1 + r)^n = C$$

c = capital inicial
r = tipo de interés anual por 1 um.
n = tiempo en años
C = nuevo capital (con sus intereses) después del plazo de inversión.

Ejemplo: 3.000.000 um invertidas al 4,50 % durante un periodo de tiempo de 6 años se convierten en:

3.000.000 $(1 + 0,045)^6$ = 3.000.000 × $(1,045)^6$ = 3.906.750 um

Rendimiento de 1 um invertida a interés compuesto

En años	3%	3,5%	4%	4,5%	5%	5,5%	6%
1	1,030	1,035	1,040	1,045	1,050	1,055	1,060
2	1,061	1,071	1,081	1,092	1,102	1,113	1,123
3	1,093	1,108	1,124	1,141	1,157	1,174	1,191
4	1,126	1,147	1,169	1,192	1,215	1,238	1,262
5	1,159	1,187	1,216	1,246	1,276	1,306	1,338
6	1,194	1,229	1,265	1,302	1,340	1,378	1,418
7	1,230	1,272	1,315	1,360	1,407	1,454	1,503
8	1,267	1,316	1,368	1,422	1,477	1,534	1,593
9	1,305	1,362	1,423	1,486	1,551	1,619	1,689
10	1,344	1,410	1,480	1,552	1,628	1,708	1,790
11	1,384	1,459	1,539	1,622	1,710	1,801	1,898
12	1,426	1,510	1,600	1,695	1,795	1,901	2,012
13	1,469	1,563	1,665	1,772	1,885	2,005	2,132
14	1,513	1,618	1,731	1,851	1,979	2,115	2,260
15	1,558	1,675	1,800	1,935	2,078	2,232	2,396
16	1,605	1,733	1,873	2,022	2,182	2,355	2,540
17	1,653	1,794	1,947	2,113	2,292	2,484	2,692
18	1,702	1,857	2,025	2,208	2,406	2,621	2,854
19	1,754	1,922	2,106	2,307	2,526	2,765	3,025
20	1,806	1,989	2,191	2,411	2,653	2,917	3.206

Este cuadro permite averiguar rápidamente:

a) el capital final de una inversión a interés compuesto del que sabemos el tipo de interés y el plazo de tiempo;
b) el tipo de interés o el plazo de inversión cuando se sabe el capital final.

Ejemplos:

- rendimiento de 4.000.000 um invertidas al 5 % durante 3 años:

$$1,157 \times 4.000.000 = 4.628.000 \text{ um.}$$

- Si un capital de 10.000.000 um invertido durante 20 años nos da un rendimiento de 29.170.000 um, significa que el tipo de interés aplicado ha sido del 5,50 %.

Aplicando intereses compuestos al	un capital se dobla en
3 %	24 años
4 %	18 años
5 %	15 años
6 %	12 años
7 %	11 años
8 %	10 años y 6 meses
9 %	10 años
10 %	9 años

Comparación

Un millón de unidades monetarias colocado a un 6 % durante 10 años rinde: 600.000 unidades monetarias a interés simple y 790.847 unidades monetarias a interés compuesto.

Imaginemos

Se requieren 378 años para que una um invertida a un interés compuesto del 5 % se convierta en 100 millones de unidades monetarias.

Hubiera bastado con que uno de nuestros antepasados hubiese invertido 1 um en 1622 para que ahora pudiésemos disponer de esta suma.

Sin embargo debemos hacer tres observaciones:

a) Las Cajas de Ahorros no existían en esa época. La primera se creó en Berna en 1787; le siguieron Inglaterra en 1798 y Francia en 1818.

b) Debido a la duración de la inversión, esta cantidad virtual se habría visto sometida a los avatares de las políticas monetarias: asignados, confiscaciones, reducciones, devaluaciones monetarias, entre otros.

En 1891, una rica viuda francesa depositó ante su notario 5.000 luises (100.000 francos oro) destinados al primer hombre que pusiera por primera vez su pie fuera del planeta Tierra. Se fijó un tipo de interés del 3 % en obligaciones garantizadas por el Estado. En 1969, setenta y ocho años más tarde, Neil Armstrong, el hombre que pisó la Luna, recibió este legado escrupulosamente guardado: sólo 180 dólares. Entretanto había pasado la crisis de 1929, el franco Poincaré y varias devaluaciones, entre ellas la de 1934 en Estados Unidos (-40,94 %). Si 5,18 francos representaban 1 dólar en 1891, se necesitaban 555 francos viejos en 1969 para igualar 1 dólar.

Problema 36: generaciones

Cuando se suma el año de nacimiento de un padre, el año de nacimiento de su hijo, la edad del padre y la edad del hijo ¿qué obtenemos?

Problema 37: el anciano y sus hijos

De origen árabe, este problema tiene una antigüedad de varios siglos. Presintiendo el fin de sus días, un anciano camellero convocó a sus hijos y les anunció sus últimas voluntades:

— El mayor recibirá la mitad de mi manada; el segundo, un tercio y el menor, una novena parte.

Pero con la edad el anciano había olvidado la verdadera composición de su fortuna: 17 camellos.

Muerto el anciano, los hijos dieron mil vueltas al problema sin hallarle solución. Finalmente, un viejo sabio les puso a todos de acuerdo, sin alterar los deseos del difunto. ¿Cómo?

Pesos y velocidades

Pesar

Cinco números permiten formar, combinándolos, todos los números del 1 al 31. Son:

$$1 \quad 2 \quad 4 \quad 8 \quad 16$$

(Ver página 30.)

Las cinco pesas necesarias para pesar de 1 kg a 121 kg en una balanza de Roberval (en caso necesario, colocando pesas en el platillo de la mercancía que debe pesarse) son:

$$1\,kg \quad 3\,kg \quad 9\,kg \quad 27\,kg \quad 81\,kg$$

Con estos números (que suman 121) combinados, ya sea por adición o sustracción, se puede obtener toda la serie de números del 1 al 121.

Esta progresión geométrica de razón 3 podría continuar:

$$243\,kg \quad 729\,kg \quad 2.187\,kg \quad \ldots$$

Para pesar sin tener que colocar pesa alguna junto al objeto cuyo peso debe determinarse, se idearon una serie de pesas de cobre:

200 g	100 g	20 g	10 g	5 g	2 g	1g
	100 g		10 g		2 g	

con los que se puede pesar de 1 a 500 g.

***

Para las piedras preciosas y las perlas finas se utiliza el **quilate métrico** (o quilate peso), que vale 0,20 g.

Una esmeralda de 8 quilates pesa 0,2 g × 8 = 1,6 g.

No debe confundirse con el **quilate ley**, que indica una proporción y que representa 1/24 de la masa total de una aleación de oro. Un anillo de oro de 18 quilates contiene 18/24 de oro, o 3/4 de oro fino.

Problema 38: evaluaciones

Responder a las siguientes preguntas por aproximación, sin realizar cálculos:

a) ¿Cuánto pesa una esfera de corcho de 2 m de diámetro?
b) ¿Cuánto pesan 1.000 bolas de acero de 1 mm de diámetro?

Problema 39: oficio de tejedor

Cuatro tapiceros tejen 4 tapices en 4 días. ¿Cuántos tapiceros son necesarios para tejer 20 tapices en 20 días?

Problema 40: víctima de un estafador

Un coleccionista tiene 9 piezas iguales. Se le informa de que una de ellas es falsa y que pesa menos que las otras.

¿Puede identificarla haciendo sólo dos pesadas en una balanza Roberval, sin usar pesas?

Masa y peso

La *masa*, cantidad de materia que posee un cuerpo, es una noción constante. El *peso*, producto de la masa por la aceleración de la gravedad en un lugar determinado, varía según la altitud y la latitud.

La masa de un electrón es de $9 \cdot 10^{-28}$ gramos.

La masa de la Tierra es de $5{,}980 \cdot 10^{27}$ gramos.

La masa estimada del Universo es de 10^{56} gramos.

Existe tanta diferencia entre la masa de una molécula de hidrógeno y la masa de 100 g como entre esta masa de 100 g y la masa de la Tierra.

Problema 41: de una sola pesada

He aquí 10 montones de 10 monedas. Uno de estos montones está formado por monedas falsas. El peso es lo que diferencia las monedas verdaderas de las falsas: las verdaderas pesan 10 g y las falsas 11 g.

¿Cómo descubrir el montón de monedas falsas realizando una sola pesada en una balanza Roberval, con pesas?

La velocidad

Nada es fijo. Todo se mueve.

Gracias a los medios que usamos para desplazarnos, el concepto de velocidad nos resulta familiar.

Mientras que la luz viaja a una velocidad de 1.080.000.000 km/h, que nuestra Galaxia va (¿adónde va?) a 777.600 km/h, la Tierra gira alrededor del Sol a una velocidad de 107.245 km/h, la mancha luminosa de un anuncio de televisión recorre la pantalla a una velocidad de 36.000 km/h, una persona situada en el ecuador está sometida a una velocidad de 1.670 km/h por efecto de la rotación de nuestro planeta Tierra y una mosca puede volar a 160 km/h, nuestras uñas crecen a una velocidad de 4 a 14/100 mm al día.

Para calcular la velocidad horaria cuando se conoce el tiempo que se tarda en recorrer 1 km, se aplica la siguiente fórmula:

3.600 : tiempo en segundos = kilómetros por hora (km/h).
(En este caso, la calculadora puede ser una buena ayuda.)

Tiempo empleado en recorrer un kilómetro	Velocidad por hora	Tiempo empleado en recorrer un kilómetro	Velocidad por hora
20 segundos	180 km/h	75 segundos	48 km/h
25 —	144 —	80 —	45 —
30 —	120 —	85 —	42,3 —
35 —	102,8 —	90 —	40 —
40 —	90 —	95 —	37,8 —
45 —	80 —	100 —	36 —
50 —	72 —	105 —	34,2 —
55 —	65,4 —	110 —	32,7 —
60 —	60 —	115 —	31,3 —
65 —	55,3 —	120 —	30 —
70 —	51,4 —	125 —	28,8 —

Problema 42: en zigzag

El camino que va de A a B tiene 24 km. Un peatón sale de A en dirección a B y otro peatón sale de B en dirección a A, ambos a una velocidad de 4 km/h.

Simultáneamente, un ciclista que rueda a 30 km/h sale de A. Cuando alcanza al peatón que ha salido de B, da media vuelta y se dirige hacia el peatón que ha partido de A, y así sucesivamente, en zigzag de uno a otro hasta que ambos peatones se encuentran.

¿Qué distancia ha recorrido en total el ciclista?

- Una velocidad expresada en **km/h** puede convertirse en **m/s** (metros por segundo).

Así, 27 km/h equivalen a 27.000 metros recorridos en 3.600 segundos. La velocidad equivalente es:

$$27.000 : 3.600 = 7,5 \text{ m/s.}$$

Esto puede resumirse en una fórmula práctica:

$$\frac{\text{km/h} \times 1\,000}{3\,600} \text{ o } \frac{\text{km/h} \times 10}{36} \text{ o } \frac{\text{km/h} \times 5}{18} = \text{m/s}$$

Ejemplo: $\dfrac{27 \text{ km/h} \times 5}{18} = 7,5 \text{ m/s}$

- Una velocidad expresada en **m/s** puede convertirse en **km/h** por el procedimiento inverso:

$$\frac{\text{m/s} \times 18}{5} \text{ o m/s} \times 3,6 = \text{km/h}$$

Ejemplo: $45 \text{ m/s} \times 3,6 = 162 \text{ km/h}$

Velocidad media

Un peatón va de la aldea R a la S, distantes 12 km entre sí, a una velocidad de 4 km/h (el camino sube). De regreso va a 6 km/h (el camino baja). ¿Cuál es la velocidad media?

A simple vista diríamos:

$$\frac{4+6}{2} = 5 \text{ km/h,}$$

pero es un error.

A la ida, el peatón ha necesitado 12 : 4 = 3 h
A la vuelta, ha necesitado 12 : 6 = 2 h
Por lo tanto, ha hecho 12 km × 2 en 3 h + 2 h, o 24 km en 5 h
Su velocidad media ha sido de 24 : 5 = 4,8 km/h

Otro razonamiento, sin utilizar la distancia entre R y S:

- Para recorrer 1 km a la ida necesita 60 min : 4 = 15 min
- Para recorrer 1 km a la vuelta necesita 60 min : 6 = 10 min

En 15 + 10 = 25 min recorre 2 km

Su velocidad media es: $\dfrac{2 \times 60}{25} = 4{,}8$ km/h

Problema 43: bicicleta para dos.

Dos amigos deben recorrer el trayecto A B, que mide 10 km. Uno de ellos tiene una bicicleta, el otro va a pie. Ninguno de ellos quiere ir sentado en el cuadro de la bicicleta. El primero dice:

— Voy a hacer 1 km a pie, mientras que tú haces 1 km en bicicleta. Dejarás la bicicleta para que pueda usarla yo para hacer 1 km, mientras que tú vas a pie y así sucesivamente. Cada uno usará la bicicleta y andará alternativamente, el peatón recorriendo 1 km en 10 minutos y el ciclista, 1 km en 4 min.

— De acuerdo —responde el segundo—. Pero ¿crees que ganaremos tiempo teniendo en cuenta que siempre habrá uno que irá a pie?

La unidad internacional para las distancias aéreas y marítimas es la **milla** (llamada a veces *milla náutica*), que vale 1.852 m.

La milla internacional de 1.852 m no debe confundirse con la *nautical mile* empleada en Gran Bretaña y sus dominios, que equivale a 1.853, 1824 m.

Por otra parte, la *mile (statute mile)* vale 1.609,3426 m en Gran Bretaña y 1.609,3472 m en Estados Unidos.

1 milla = 1.852 m
1 km   = 0,5399568 millas

Equivalencias

Kilómetros	Millas	Kilómetros	Millas
1	0,539956	6	3,329740
2	1,079913	7	3,329740
3	1,619870	8	4,319654
4	2,159827	9	4,854611
5	2,699784	10	5,399568

La altura a la que vuela un avión se expresa con frecuencia en **pies**. Medida angloamericana, el pie equivale a 0,3048 m.

1.000 pies = 304,80 m.

La velocidad de un barco se expresa en **nudos**. El nudo corresponde a la velocidad de 1 milla por hora. Navegar a 12 nudos significa avanzar a una velocidad de 22,224 km/h.

Nudos	Velocidad horaria	Nudos	Velocidad horaria
1	1,852 km/h	12	22,224 km/h
2	3,704 km/h	13	24,076 km/h
3	5,556 km/h	14	25,928 km/h
4	7,408 km/h	15	27,780 km/h
5	9,260 km/h	16	29,632 km/h
6	11,112 km/h	17	31,484 km/h
7	12,964 km/h	18	33,336 km/h
8	14,816 km/h	19	35,188 km/h
9	16,668 km/h	20	37,040 km/h
10	18,520 km/h		
11	20,372 km/h	n	$1,852 \times n$

Problema 44: recortables

Estas figuras comparten dos particularidades. ¿Cuáles?

¡Mach! ¡Bang!

Algunos aviones llevan a bordo un *machmetro*, que mide el número de Mach del avión.

El *número de Mach* no es una unidad de velocidad, sino la relación entre la velocidad del avión y la del sonido en el espacio. La velocidad del sonido es variable: es proporcional a la raíz cuadrada de la temperatura, que varía según el lugar y la altura.

Un avión que vuela a Mach 1 cerca del suelo, a una temperatura de 15 °C, está volando a 1.225 km/h.

En la estratosfera, con una temperatura de −56,5 °C, el avión alcanza Mach 1 a una velocidad de 1.060 km/h.

El 14 de octubre de 1947, el estadounidense Chuck Yeager fue el primero en superar en avión la velocidad del sonido, sobre un Bell XS-1 impulsado por un cohete, que alcanzó Mach 1,015 (1.079 km/h).

Todo cuerpo sólido que se desplaza a una velocidad superior a Mach 1 genera una onda de choque que le sigue en su recorrido y se propaga a través de la atmósfera.

Cuanto más pesado es el cuerpo, más estruendosa es la detonación. Es el *bang* de los aviones a reacción.

El hombre considerado el más veloz del mundo es el jamaicano Usain Bolt apodado «The lightning», «el relámpago», tras establecer el record en 100 metros lisos en 9,72 segundos el 31 de mayo de 2008.

Para Filípedes y Alejandra

En el año 490 a.C., en el transcurso de la primera guerra médica, Milcíades, al frente de 11.000 griegos, venció a los 72.000 persas de Darío I el Grande, en Maratón, ciudad situada a unos 41 km de Atenas. Un soldado griego, Filípides, corrió desde Maratón hasta Atenas para anunciar la victoria. Murió de agotamiento a la llegada.

Para inmortalizar esta legendaria epopeya, el helenista Michel Bréal propuso incorporar una prueba similar en los Juegos Olímpicos que se estaban preparando. El Comité Olímpico fijó la distancia en 40 km. En los Juegos de 1896, 1900 y 1904, la prueba de la maratón se corrió sobre esta distancia.

Organizados los Juegos en Gran Bretaña en 1908, la esposa de Eduardo VII, Alejandra, quiso que la salida se diera bajo las ventanas del castillo de Windsor, a 2,195 km de distancia del punto previsto. Como se mantuvo la llegada en el estadio de White City, el recorrido de la maratón de 1908 fue de 42,195 km, al igual que todos los siguientes.

Posteriormente, se intentó justificar lo que sólo fue un capricho declarando que los 2.195 m añadidos representaban el rodeo que había que dar a la colina que ostenta la estela dedicada a los soldados griegos de Maratón.

Astronomía

Nuestro Universo

El griego Claudio Ptolomeo, que vivió entre los años 90 a 168, expuso en su obra *Almagesto* una teoría sobre el sistema del mundo: la Tierra permanece inmóvil en el Universo y a su alrededor giran la Luna, el Sol, los planetas y las estrellas en una serie de esferas. Todas las estrellas se encuentran a la misma distancia de la Tierra. Más allá de las estrellas, la nada.

Esta teoría, llamada geocentrismo, tenía aún partidarios en el siglo XVII. Platón y Aristóteles creían que una inteligencia motriz presidía el movimiento de cada esfera celeste. Según Santo Tomás, los ángeles tenían la función de mover los astros.

Finalmente, el polaco Nicolás Copérnico (1473-1543), contrariamente a las ideas predominantes en su época, anunció, en su obra *De revolutionibus orbium coelestium*, que la Tierra y los otros planetas giraban alrededor de Sol. Esta nueva teoría, el heliocentrismo, fue confirmada por Galileo y su anteojo.

Cada vez conocemos mejor el espacio gracias a las observaciones con telescopios de espejo, con radiotelescopios y a través de la exploración de los vehículos lanzados al espacio.

Las macromedidas

La astronomía no puede limitarse a las medidas corrientes del sistema métrico que se aplican a las actividades terrestres. Por ello ha habido que crear nuevas unidades. Son las siguientes:

- La **unidad astronómica** (UA) que representa la distancia media Tierra-Sol y que equivale a 149.597.870 km, o a $1,5813 \cdot 10^{-5}$ al, o a $4,84814 \cdot 10^{-6}$ pc.
- El **año luz** (al), distancia recorrida por la luz en un año en el vacío, equivale a $9,4607 \cdot 10^{12}$ km, o a 63.241 UA, o a 0,306595 pc.
- El **pársec** (pc), que corresponde a la distancia desde la Tierra a una estrella desde la cual se vería la mitad del eje mayor de la órbita descrita por la Tierra alrededor del Sol bajo un ángulo (paralaje) de 1″. Equivale a $3,08568 \cdot 10^{13}$ km, o a 206.265,03 UA, o a 3,261633 al.

El *kilopársec* (kpc) equivale a 1.000 pc y el *megapársec* (mpc), a 1.000.000 de pc.

Las galaxias

Los medios de investigación actuales nos permiten observar el espacio hasta 10 millardos de años luz de la Tierra (el objeto más distante detectado). El universo está compuesto de miles de millones de galaxias (enormes conjuntos de estrellas, planetas, polvo y gas) de las que se cree que se formaron simultáneamente hace unos 15 millardos de años debido a una explosión cósmica expansiva, el *big bang*.

Entre todas estas galaxias se encuentra la nuestra, a la que llamamos simplemente la Galaxia y que deja su rastro en el cielo por la Vía Láctea. Nuestra Galaxia tiene forma de un disco de unos 100.000 al de diámetro y 5.000 de grosor. El centro se halla situado en dirección a la constelación Sagitario. El Sol, estrella enana entre los 200 millardos de estrellas de la Galaxia, se halla situado a 28.000 al del centro de la Galaxia. Alrededor del Sol gira el sistema solar, con sus planetas y sus satélites.

El sistema solar

El sistema solar está formado por el Sol y, gravitando a su alrededor, nueve planetas grandes, planetas pequeños o asteroides (se han detectado unos 400.000 de un diámetro superior a 1 km; su masa total representa 1/3.000 aproximadamente de la masa de la Tierra), cometas y meteoritos.

Los planetas

Los planetas, acompañados de sus satélites con ejes de rotación distintos, giran sobre sí mismos al tiempo que avanzan en su revolución alrededor del Sol. Todo el conjunto se dirige hacia el ápex*, situado en la constelación de Hércules siguiendo un movimiento rectilíneo, a una velocidad de 19,5 km/s. Además, la Galaxia tiene a su vez una rotación a la velocidad de 200 a 125 km/s según la parte considerada (es lo que llamamos año cósmico, que en el caso del sistema solar dura 250 millones de años).

Y, desde la Tierra, el Sol nos parece casi inmóvil.

Nombre	Distancia media al Sol (en millones de km)	Periodo de revolución alrededor del Sol	Radio ecuatorial (en km)	Satélites naturales conocidos	Periodo de rotación sobre sí mismo
Mercurio	57,9	88 días	2.439	0	59 días
Venus	108,2	224,7 días	6.052	0	243 días
La Tierra	149,6	365,26 días	6.378,38	1	23 h 56 min 4s
Marte	227,9	687 días	3.397,2	2	24 h 37 min 23 s

Entre Marte y Júpiter se halla situada la zona de los asteroides: Los más importantes son Ceres (1.001 km de diámetro) y Palas (607 km de diámetro).

Júpiter	778,3	11,86 años	71.398	16	9 h 55 min
Saturno	1.427	29,46 años	60.000	23	10 h 14 min
Urano	2.869,6	84,01 años	25.600	17	10 h 42 min
Neptuno	4.496,6	164,8 años	24.300	2	15 h 48 min
Plutón	5.400	247,7 años	1.100	1	6 d 9 h 18 min

Para nombrar a los nueve planetas, a partir del Sol, podemos servirnos de la frase nemotécnica siguiente:

MERCEDES VENDE TIERRA, MAS JUANA SABE URBANIZARLA NEGOCIANDO PLUSVALÍAS.

La inicial de cada palabra (en realidad, las dos primeras letras) se corresponde con la del nombre de cada uno de los planetas, en el orden en que éstos se presentan tomando el Sol como inicio:

Mercurio, Venus, Tierra, Marte, Júpiter, Saturno, Urano, Neptuno, Plutón.

Puede añadirse un detalle: las dos últimas letras de la palabra «mas» nos recuerdan que el cinturón de los asteroides se halla en el espacio comprendido entre Marte y Júpiter.

El pasado se nos aproxima

El espectáculo que podemos observar en el cielo es tan sólo una ilusión. En la visión que tenemos del Universo no existe la simultaneidad porque el mensajero que consigue que nos lleguen las imágenes, la luz, sólo recorre algo más de un millardo de kilómetros por hora.

Este tiempo, irrelevante si se trata de observar la Luna (1, 29 s), va aumentando rápidamente si miramos más lejos. La luz que nos llega del Sol ya ha envejecido 8 min y 18 s.

La imagen de los planetas del sistema solar tarda en llegar hasta nosotros de 25 min a 5 h.

La estrella más cercana al sistema solar, llamada Próxima de Centauro, se halla a 4 años, 2 meses y 20 días. Sirio está a 9 años de nosotros, la Osa Mayor a 85 años, la estrella Polar a 470 años, la nebulosa de Orión a 1.500 años (la época visigoda), el centro de nuestra galaxia a 30.000 años (el paleolítico), la masa de Virgo a 50.000.000 años y a finales del siglo XX nos está llegando la radiación emitida por la radiofuente de la quásar 3 C 9 hace más de 2 millardos de años.

En 1987, los astrónomos anunciaron que habían observado la explosión de una estrella en la Nube Mayor de Magallanes. Dicha explosión había tenido lugar 170.000 años antes. En el firmamento vemos estrellas que quizás ya no existen, y aún no podemos ver mundos que acaban de nacer porque su imagen todavía no ha llegado hasta nosotros.

Entretanto, en el infinito todavía resuena la explosión de nuestros orígenes.

Modelo reducido

Para comprender este mundo que se nos escapa, hay que reducirlo a escala humana.

Suponiendo que la Tierra fuera una bola de 1 cm de diámetro, el Sol tendría 1,10 m de diámetro y se hallaría a 117,47 m de nuestro planeta. El granito de arena representado por Plutón (1,72 mm de diámetro), el planeta más alejado del Sol, estaría a 4,633 km de éste.

El Sol

- Diámetro: 1.392.460 km (109 veces el de la Tierra).
- Volumen: $1.408 \cdot 10^{15}$ km^3 (1.300.000 el de la Tierra).
- Masa: $1.990 \cdot 10^{24}$ t (332.776 veces la de la Tierra). Esta masa representa el 99 % de la masa total del sistema solar.
- Distancia media entre el Sol y la Tierra: 149.597.870 km (esta distancia varía entre 147.097.031 km y 152.098.712).
- Periodo de rotación sobre sí mismo: entre 25 y 29 días.
- Temperatura de la superficie: 5.760 °C.

- Temperatura interna: 20 millones de grados kelvin.
- El Sol quema 633 millones de toneladas de hidrógeno por segundo.
- El movimiento de la Galaxia que le arrastra le imprime una velocidad de 777.600 km/h.

La Luna

- Es el único satélite de la Tierra.
- Diámetro: 3.473 km.
- Volumen: 21.939 km^3.
- Masa: $7,35 \cdot 10^{19}$ t (1/81 de la de la Tierra).
- Distancia media entre la Tierra y la Luna: 383.400 km (esta distancia varía entre 356.375 km y 406.720 km).
- Periodo de rotación sobre sí misma: 27 días, 7 h, 43 min y 8 s. Como su revolución alrededor de la Tierra (a una velocidad de 3.680 km/h) tiene la misma duración, siempre presenta la misma cara a la Tierra.
- Revolución sinódica (o mes lunar de luna nueva a luna nueva): 29 días, 12 h, 44 min y 2,8 s.

Calendario lunar (del 1/1/1 al 31/12/2199)

La consulta de los 3 cuadros que aparecen a continuación nos permite obtener la fecha de la **luna nueva**.

Modo de empleo:

1º) Sumar el índice del cuadro I y el índice del cuadro II para el año considerado.
2º) Restar del total el índice del cuadro III según el mes.
Si el resultado obtenido es negativo, sumar 29,5.
Si el resultado es superior a 31, restar 29,5.
El número obtenido indica el día del mes.

Si el cálculo da cero, el día que estamos buscando se encuentra a finales del mes anterior. Debido a la fracción de día de una lunación (29 d 12 h 44 min 2,8 s), la luna nueva sufre a veces un desfase de un día.

Ejemplo: Para noviembre de 1990,

$$5,5 + 24,5 - 13 = 17$$

La luna nueva se produjo el 17 de noviembre.

La luna llena aparece 15 días después.

Cuadro I		
Calendario juliano	Las centenas del año	Calendario gregoriano (a partir del 15.10.1582)
0	0	
4,5	1	
8,5	2	
13	3	
17,5	4	
21,5	5	
26	6	
1	7	
5	8	
9,5	9	
14	10	
18	11	
22,5	12	
27	13	
1,8	14	
6	15	14,5
10,5	16	19
14,5	17	24
19	18	0
23,5	19	5,5
27,5	20	9,5
2,5	21	15

Cuadro II						
Las dos últimas cifras del año						Índice
00	19	38	57	76	95	0
01	20	39	58	77	96	18,5
02	21	40	59	78	97	7,5
03	22	41	60	79	98	26,5
04	23	42	61	80	99	15,5
05	24	43	62	81		4,5
06	25	44	63	82		23
07	26	45	64	83		12,5
08	27	46	65	84		1,5
09	28	47	66	85		20
10	29	48	67	86		9
11	30	49	68	87		28
12	31	50	69	88		17
13	32	51	70	89		6
14	33	52	71	90		24,5
15	34	53	72	91		14
16	35	54	73	92		3
17	36	55	74	93		21,5
18	37	56	75	94		11

Cuadro III		
Calendario juliano	Meses	Calendario gregoriano
5,5	enero ordinario	4
4,5	enero bisiesto	3
7	febrero ordinario	5,5
6	febrero bisiesto	4,5
5,5	marzo	4
7	abril	5,5
7,5	mayo	6
9	junio	7,5
9,5	julio	8
11	agosto	9,5
12,5	septiembre	11
13	octubre	11,5
14,5	noviembre	13
15	diciembre	13,5

Las lunaciones se repiten cada 19 años.

Cuando la primera luna nueva tiene lugar antes del 12 de enero, ese año tendrá 13 lunas nuevas.

Los eclipses

Un **eclipse de Sol** se produce por interposición de la Luna entre la Tierra y el Sol, quedando este último total o parcialmente tapado. Un eclipse de Sol sólo es visible desde una parte de la Tierra.

Un **eclipse de Luna** se produce cuando ésta se encuentra en la sombra de la Tierra y no recibe la luz del Sol. Un eclipse de Luna puede verse desde cualquier parte de la Tierra (desde la cual se vea la Luna en ese momento, naturalmente).

Los eclipses de Sol y de Luna tienen lugar siguiendo un ciclo de 18 años y 11 días llamado «saros».

La máxima duración de un eclipse de Sol es de 4 h, 29 min y 44 s en el ecuador y de 3 h, 26 min y 32 s en la latitud de París.

En los eclipses totales de Sol, la Luna no puede tapar completamente el Sol durante más de 7 min y 58 s en el ecuador y 6 min y 10 s en la latitud de París.

En un año civil ocurre un mínimo de 2 eclipses (eclipses de Sol) y un máximo de 7 eclipses (4 de Sol y 3 de Luna o 5 de Sol y 2 de Luna).

Un eclipse de Sol tiene lugar durante la luna nueva. En un lugar determinado, el eclipse de Sol es total cada 350 años aproximadamente.

ALTA VIGILANCIA

Gracias a los reflectores depositados en la Luna por una misión Apolo, el reflejo de los impulsos emitidos por un láser ha puesto de manifiesto que nuestro satélite se aleja de la Tierra a razón de 3,7 cm cada año.

Por otra parte, la plataforma Eureka-3 transporta un reloj atómico con un máser de hidrógeno que oscila 1.420.405.752 veces por segundo. Este reloj permite medir las altitudes terrestres casi al milímetro y también nos indica, por la elevación del nivel de los mares, en qué situación se encuentra el recalentamiento del planeta.

La Tierra

- Radio ecuatorial: 6.378.388 m.
- Diámetro ecuatorial: 12.756.776 m.
- Radio polar: 6.356.912 m.

- Diámetro polar: 12.713.824 m.
- Circunferencia ecuatorial: 40.075.017 m.
- Meridiano elíptico: 40.009.152 m.
- El achatamiento de los polos: de 1/297 (el radio polar equivale a 296/297 del radio ecuatorial).
- Volumen: 1.083.320.000.000 km^3.
- Densidad media relativa: 5,52.
- Masa: $5{,}980 \cdot 10^{21}$ t.
- Edad : 4,6 millardos de años.
- Superficie: 510.063.000 km^2, que se reparten del siguiente modo:
    1. tierras: 133.620.000 km^2 (26,2 %),
    2. hielos: 15.303.000 km^2 (3 %),
    3. mares: 361.140.000 km^2 (70,8 %).
- Distancia media Tierra-Sol: 149.597.870 km.
- Distancia media Tierra-Luna: 384.400 km.
- Longitud de los trópicos (latitud 23° 27'): 36.784.632 m.
- Longitud de un círculo polar (latitud 66° 33'): 15.992.916 m.

La Tierra describe en un año una revolución elíptica alrededor del Sol de 939.474.620 km, a una velocidad de 107.245,92 km/h, en tanto que su rotación genera en cada punto del ecuador una velocidad de 670 km/h; de 1.000 km/h en los habitantes del norte de Francia y de 1.100 km/h en el sur de Francia. A su vez, los polos, relativamente fijos, pivotan.

En una conferencia científica internacional celebrada en París en 1938 se estableció que el centro geográfico de todas las tierras emergidas se hallaba situado en la isla francesa de Dumet, a 6 km al noroeste de Piriac-sur-Mer (Departamento de Loire-Atlantique). Esta isla tiene una superficie de 8 ha.

Problema 45: esfera rodeada

Suponiendo que la Tierra fuera una esfera perfecta y la rodeáramos con un alambre, éste mediría 40.000 km de longitud. Si añadiéramos 1 m a este alambre, su circunferencia ya no estaría en contacto con el suelo.

¿A qué distancia se encontraría?

Hallar el norte con un reloj de manecillas

Si estamos en «horario de invierno», retrasar el reloj una hora. Si estamos en «horario de verano», retrasarlo dos horas.

Girar el reloj de forma que la manecilla pequeña de las horas apunte en dirección al Sol. Esta manecilla forma un ángulo con las 12 horas.

La bisectriz de este ángulo indica el **sur** y, por tanto, el lado opuesto será el **norte**.

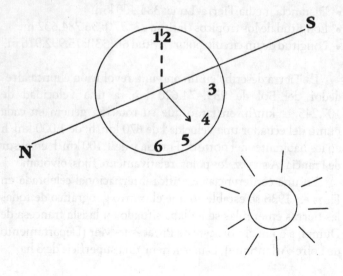

Volver a poner el reloj a la hora oficial.

Problema 46: corto circuito

Un explorador que se ha perdido recorre 10 km en dirección sur, 10 km en dirección oeste y, finalmente, 10 km hacia el norte.

Después de realizar estos tres recorridos, se da cuenta de que se halla en el punto de partida. ¿De dónde salió?

Problema 47: ida y vuelta

Seguro que ha averiguado de qué lugar se trata. Pero, ¿existe otro punto del globo terráqueo en el que, después de recorrer los tres mismos trayectos, el explorador se encontrara en el punto de partida?

Un corro alrededor del mundo

Un poema de Paul Fort, en su versión castellana, dice así:

Si todas las muchachas del mundo quisieran darse la mano,
podrían hacer un corro todo alrededor del mar.

Si todos los muchachos del mundo quisieran ser marineros,
harían con sus barcas un hermoso puente sobre las olas.

Se podría hacer un corro alrededor del mundo,
si toda la gente del mundo quisiera darse la mano.

El poeta debería haber contado mejor.

En nuestro planeta hay más de 6.000.000.000 habitantes. El perímetro de la Tierra mide 40.000 km y la distancia de la Tierra a Luna es de 384.400 km.

Por consiguiente, si todas las personas que habitan nuestro globo se dieran la mano, suponiendo que cada uno de nosotros representara un eslabón de 1 m, tendríamos una cadena que podría rodear 150 veces el planeta o más de 15 veces y media la distancia de la Tierra a la Luna.

Profecía

Se ha podido constatar que África se aproxima a Europa a una velocidad de 3 cm al año, confirmándose así la teoría de la deriva de los continentes de Alfred Wegener. Dentro de 32 millones de años habrá desaparecido el mar Mediterráneo y se podrá ir a pie de Barcelona a Argel.

Durante este mismo periodo de tiempo, América se alejará de Europa a la misma velocidad.

Habrá llegado el momento de comprarse un nuevo atlas.

Las incursiones del más pequeño

Descubierto en 1930, el pequeño Plutón describe una órbita muy excéntrica que lo convierte en el planeta más alejado del Sol, pero que a veces lo lleva más cerca del Sol que Neptuno. Sucedió así de enero de 1979 a marzo de 1999 y el proceso volverá a iniciarse en el año 2226.

El año más largo del siglo XX fue 1972. Además de ser bisiesto, se le añadió un segundo el 1 de enero y otro segundo el 1 de julio.

Nec plus alta

Si desaparecieran de la superficie de la Tierra las aguas de todos los océanos y de todos los mares, las alturas ya no se medirían con relación al nivel del mar sino desde el centro de la

Tierra y se constataría que la cima más elevada del globo ya no sería el monte Everest sino el volcán Chimborazo (en Ecuador), debido a la diferencia de curvatura de nuestro planeta.

La astrología, mezclada antaño con la astronomía, fue una traba para el desarrollo de ésta, pero en la actualidad es tan sólo una tramposa mascarada.

Constantes y medidas

¿Dónde se encuentra el centro de Europa?

Según el Instituto Geográfico Nacional de Francia:

El centro de *Europa entera*, desde el Atlántico hasta los Urales y desde el Ártico hasta el Mediterráneo, se halla en Purnuskis, en Lituania.

El centro de la *Europa de los 9* estaba situado en Pagnant, en Francia.

El centro de la *Europa de los 12* se hallaba Saint-Clément, Francia.

El centro de la *Europa de los 15* está en Viroinval (4° longitud E, 50° latitud N), en Bélgica. Si tuviéramos en cuenta la curvatura de la Tierra, el verdadero centro se hallaría a 230 km de profundidad bajo Viroinval.

Con la probable ampliación de la Unión europea hacia los países del Este, el centro se desplazará a territorio alemán.

La torre Eiffel

Gustavo Eiffel medía 1,64 m. Cuando sus antepasados se instalaron en Francia, tuvieron la feliz idea de cambiar su apellido, Boenickhausen, por el de Eiffel en recuerdo de la meseta de Eiffel, cerca de Colonia, de donde eran originarios.

Desde el primer golpe con un pico (27 de enero de 1887) hasta la inauguración (31 de marzo de 1889), los parisienses asistieron a la construcción de la torre formada por 18.038

piezas metálicas distintas, 2.056.846 remaches y con un peso total de 7.300 toneladas sobre el suelo. En 1889 su altura era de 300,65 m, pero las antenas de radio-televisión que se le fueron agregando incrementaron su peso hasta 7.600 toneladas y su altura hasta 320,755 m. La punta del extremo de la torre evoluciona siguiendo una esfera imaginaria de 15 cm de diámetro: en el plano horizontal debido al viento y en el plano vertical por la temperatura.

La torre Eiffel es ligera. Si se construyera un modelo reducido con el mismo metal (hierro) a escala 1/1.000, su altura sería de 30 cm y su peso, debido a la reducción en las tres dimensiones, sería de:

$$\frac{7.600 \text{ t}}{1.000^3} = \frac{7.600.000.000 \text{ g}}{1.000.000.000} = 7,6 \text{ g}$$

El puente Verrazano de Nueva York pesa 1.270.000 toneladas; es, por tanto, 167 veces más pesado que la torre Eiffel.

Problema 48: compresión

Los cuatro pies de la torre Eiffel se asientan sobre el suelo en un cuadro de 124,90 m de lado. Si reuniéramos todo el hierro que forma la torre y lo colocáramos en un paralelepípedo de base igual a los pies de la torre, ¿qué altura alcanzaría este bloque?

La Belle Époque

¿Quién no sentiría admiración por el ingeniero Eiffel? El presupuesto para la construcción de la torre preveía unos gastos de 8 millones de francos. En realidad costó 7.799.401,31 francos.

Constantes físicas

- **Velocidad del sonido en el aire** = 340 m/s
  (exactamente 331,4 m/s a 0 °C, con un aumento de 0,6 m/s
  por grado Kelvin; 343,50 m/s a 20 °C).

- **Velocidad de la luz** = 300.000 km/s
  (exactamente 299.792,458 km/s en el vacío).

- **Año luz** = 9.461 mil millones de km
  (exactamente $9,4607 \cdot 10^{12}$ km).

- **Año trópico** = 365,2422 días (en enero de 1900), o bien
  365 días, 5 horas, 48 minutos y 46 segundos. Un segundo
  de tiempo equivale a 1/31.556.925,9747 del año trópico.

- **Unidad astronómica** (distancia media entre la Tierra y el
  Sol) = $149,6 \cdot 10^6$ km = 149.600.000 km (exactamente
  149.597.870 km).

- **Número de Avogadro** (número de moléculas contenidas
  en una molécula-gramo)* = $6,0221363 \cdot 10^{23}$.

- **Cero Absoluto** = $-273,15$ °C . Es el origen de la escala
  Kelvin o de temperatura absoluta.

- **Velocidad de escape** = 11.180 m/s es la velocidad mínima
  que debe comunicarse a un cuerpo para que salga definiti-
  vamente de la Tierra. En la superficie de la Luna, la velocidad de escape es de 2.375 m/s.

Problema 49: raíles

El ancho de las vías de un ferrocarril es constante. ¿Cuánto
mide?

---

* En química se define como molécula-gramo, o mol, al peso en gramos
equivalente en número al peso molecular del elemento o compuesto químico de que se trate. *(N. del T.)*

Constantes biológicas humanas

- **Hematíes** (glóbulos rojos): 4,3 a 5,9 millones/mm³ de sangre.
- **Leucocitos** (glóbulos blancos): 5.000 a 10.000/mm³ de sangre.
- **Trombocitos (plaquetas):** 190.000 a 350.000/mm³ de sangre.
- **Ácido úrico**: 30 a 65 mg/l de sangre.
- **Albúmina**: 35 a 50 g/l de sangre.
- **Colesterol total**: 1,50 a 2,30 g/l de sangre.
- **Glucosa**: 0,70 a 1,10 g/l de sangre.
- **Urea**: 0,20 a 0,45 g/l de sangre.
- **Velocidad de sedimentación**:

   —depósito inferior a 10 mm a la hora;
   —depósito inferior a 25 mm a las dos horas.

- **Presión arterial normal**:

   —hasta los 16años: 10,5 y 8
   —de 16 a 30 años: 13 y 8
   —de 30 a 50 años: 14,5 y 9,5
   —de 50 a 60 años: 16,5 y 10,5

(ver pulsaciones en página 130).

Constante musical

El *la₃*, o *la* básico, producido por un diapasón, se utiliza para regular los acordes de los instrumentos musicales. En el pasado fue un patrón bastante caprichoso.

En el siglo XVIII, se situaba un tono más bajo que en la actualidad, por lo que la transcripción de las obras musicales de aquella época no es totalmente correcta.

En el siglo XIX, se advirtió que la Ópera de París usaba un diapasón de 431,34 vibraciones/segundo; el de la Ópera Cómica tenía 427,61 vibraciones y el del Teatro italiano, 424,17 vibraciones. Para poner fin a este caos, un decreto promulgado en Francia en 1859 estableció el la_3 en 435 vibraciones.

Los estadounidenses lo regularon a 445 vibraciones y los fanáticos del jazz a 470 para dar más brillantez a los instrumentos.

En 1939, una comisión internacional fijó la frecuencia en **440** Hz (hercios), decisión que fue ratificada por la Conferencia de Londres de 1953.

La atmósfera estándar

La presión y la temperatura atmosféricas varían constantemente. Se ha establecido una tabla de los valores medios de la presión y de la temperatura según la altura, tabla que ha sido adoptada internacionalmente.

Altura en metros	Temperatura en grados Celsius (°C)	Presión en milímetros de mercurio	Presión en milibares o hectopascales
0	15	760	1.013
1.000	8,5	674	899
2.000	2	596	795
3.000	−4,5	526	701
4.000	−11	462	616
5.000	−17,5	405	540
6.000	−24	354	472
7.000	−30,5	308	410
8.000	−37	267	356
9.000	−43,5	230	307
10.000	−50	198	264
11.000	−56,5	170	227
12.000	−56,5	146	195
15.000	−56,5	90	120
20.000	−56,5	41	55
30.000	−56,5	8	11

Temperaturas

Existen tres escalas para medir las temperaturas: la escala Celsius (desde 1948 recibe el nombre de «centígrada»), la escala *Farenheit* y la escala *Réaumur*.

La primera se utiliza en la mayoría de países del mundo, la segunda en los países anglosajones y la tercera ha sido casi totalmente abandonada.

Conversión de temperaturas

a) Para convertir grados Farenheit en grados Celsius:

$$(°F - 32) \times \frac{5}{9} = °C$$

Ejemplos:
$$0\,°F = 217{,}8\,°C$$
$$100\,°F = 37{,}8\,°C$$
$$167\,°F = 75\,°C$$

b) Para convertir grados Celsius en grados Farenheit:

$$(°C \times \frac{9}{5}) + 32 = °F$$

Ejemplos:
$$0\,°F = 32\,°C$$
$$37\,°F = 98{,}6\,°C$$
$$100\,°F = 212\,°C$$

c) Para convertir grados Réaumur en grados Celsius:

$$°R \times 1{,}25 = °C$$

Ejemplos:
$$0\,°R = 0\,°C$$
$$5\,°R = 6{,}25\,°C$$

d) Para convertir grados Celsius en grados Réaumur:

$$°C : 1,25 = °R$$

Ejemplos: $30\,°C = 24\,°R$
$100\,°C = 80\,°R$

La temperatura también puede expresarse en grados Kelvin (°K).

$$1\,°K = 1\,°C$$

La graduación Kelvin empieza en el cero absoluto.

$$0\ °K = -273,15\,°C$$
$$273,15\ °K = 0\,°C$$
$$274,15\ °K = 1\,°C$$
$$373,15\ °K = 100\,°C$$

Temperatura de ebullición del agua según la altitud

Altitud	Ebullición del agua	Altitud	Ebullición del agua
0 m	100 °C	1.770 m	94 °C
300 m	99 °C	1.965 m	93 °C
590 m	98 °C	2.225 m	92 °C
875 m	97 °C	2.480 m	91 °C
1.155 m	96 °C	2.730 m	90 °C
1.430 m	95 °C	2.930 m	89 °C

El día y la noche

El eje de rotación de la Tierra tiene una inclinación de 23° 26′ relativa a su plano de revolución alrededor del Sol.

En el solsticio de junio, el hemisferio norte tiene los días más largos del año. En diciembre, los días más largos se dan en el hemisferio sur. La duración del día varía según el lugar.

Duración del día según las diferentes latitudes

El día es el tiempo comprendido entre el amanecer y la puesta del Sol, sin incluir el crepúsculo.

I. De 0° a 66° 33'

Latitud	Duración del día más largo	Duración del día más corto
0°	12h 05	12h 05
5°	12h 22	11h 48
10°	12h 40	11h 30
15°	12h 58	11h 12
20°	13h 18	10h 53
25°	13h 39	10h 31
30°	14h 02	10h 10
35°	14h 28	9h 44
40°	14h 58	9h 16
45°	15h 33	8h 42
50°	16h 18	8h 00
55°	17h 17	7h 05
60°	21h 43	5h 42
65°	24h 05	3h 22
66° 33'	24h	0h

(Los círculos polares están a 66 ° 33' de latitud.)

II. De 66° 33' a 90°

Latitud boreal (Norte)	El Sol no se pone durante	El Sol no se levanta durante
66° 33'	1 día	1 día
70°	70 días	55 días
75°	107 —	93 —
80°	137 —	123 —
85°	163 —	150 —
90°	189 —	176 —
Latitud austral (Sur)		
66° 33'	1 día	1 día
70°	65 días	59 días
75°	101 —	99 —
80°	130 —	130 —
85°	156 —	158 —
90°	182 —	183 —

Más allá del círculo polar boreal, durante el verano del polo Norte (de marzo a septiembre), cuando el Sol no se pone, éste describe una elipse por encima del horizonte. Se produce el mismo fenómeno más allá del círculo polar austral durante el verano del polo Sur (de septiembre a marzo).

Problema 50: ¡al ladrón!

Tres amigos se dirigen a un hotel para pasar la noche. El dueño les dice:

— Sólo me queda una habitación de 30.000 um con tres camas.

Los amigos aceptan quedarse. Al rato, el dueño llama a un empleado y le dice:

— Me he equivocado. La habitación vale 25.000 um Ve y devuélveles las 5.000 um.

El empleado piensa que no podrán dividirse las 5.000 um a partes iguales. Se mete en el bolsillo 2.000 um y sólo les devuelve 3.000 um.

Cada amigo habrá desembolsado, así, 10.000 – 1.000 5 9.000 um. Los tres han pagado en conjunto 9.000 × 3 = 27.000 um. Con las 2.000 um que se ha quedado el empleado, tendríamos 27.000 + 2.000 = 29.000 um.

¿Dónde han ido a parar las 1.000 um que faltan hasta las 30.000 um?

Entre Mahón, en Menorca, y Santiago de Compostela (por tomar referencias conocidas en lugar de puntos extremos meramente geográficos de la Península) hay una diferencia de longitud de casi 13°, lo que representa una diferencia de unos 52 minutos en cuanto a la hora solar.

Por otra parte, la duración de las horas de luz diurna depende de la latitud del lugar. En el hemisferio Norte, en verano, el día se alarga en dirección norte y se acorta en dirección sur; en invierno, es a la inversa.

En los solsticios el efecto alcanza su máximo. El 22 de junio, el día dura 16 h y 7 min en París, 16 h y 25 min en Lille y 15 h y 18 min en Perpiñán. La diferencia entre París y esta última ciudad es, pues, de casi una hora.

La diferencia de latitud entre Dunquerque y Bonifacio es de 9° 39', lo que representa 1 h y 18 min.

El 21 de diciembre el efecto es el inverso.

Recordatorio aritmético

División cuyo cociente es un número compuesto.

Ejemplo: Un cuerpo en movimiento ha recorrido 718 km a una velocidad de 23 km/h. ¿Cuánto tarda en este desplazamiento?

```
7 1 8 | 2 3
0 2 8 | ‾‾‾‾‾‾‾‾‾‾‾‾‾
  0 5 | 3 1 h 1 3 min 2 s
× 6 0 |
3 0 0 |
  7 0 | (Detenerse siempre
    1 | antes de la coma)
× 6 0 |
  6 0 |
  1 4 |
```

$$718 : 23 = 31 \text{ h } 13 \text{ min } 2 \text{ s } \frac{14}{23}$$

Cómo situarse sobre el planeta

Antaño sólo se conocía el mundo mediterráneo, cuyo mapa tenía una forma casi rectangular.

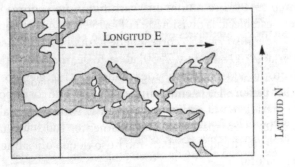

Recibe el nombre de **longitud** lo que se mide siguiendo la anchura de este mapa hacia el este o hacia el oeste, a partir del meridiano 0.

Se llama **latitud** lo que se mide siguiendo la anchura de este mapa hacia el norte o hacia el sur a partir del ecuador.

El globo terráqueo está dividido en una cuadrícula por los meridianos, que pasan todos por los polos, y por los paralelos, círculos paralelos al ecuador.

París se encuentra a:
    2° 20′ 14″ de longitud E y
    48° 50′ 11″ de latitud N

La isla de Santa Helena se encuentra a:
    5° 43′ de longitud O y
    15° 58′ de latitud S

La hora

Nuestros relojes nunca indican la hora real. El cuadrante solar, el Sol en el cenit, puede indicarnos si es mediodía en el lugar donde nos encontramos, pero la hora que nos dan los relojes es sólo convencional.

Hasta finales del siglo XIX, cada ciudad tenía su hora. Con la expansión del telégrafo y de los ferrocarriles vinieron las confusiones y los malentendidos. Para solventar este problema, en 1884 se reunió en Washington un congreso en el que se estableció la división de la Tierra en 24 husos horarios.

Cada huso, de 15°, corresponde a una hora. El huso 0 se extiende 7° 30′ al este y 7° 30′ al oeste del meridiano del observatorio de Greenwich, meridiano que fue elegido como inicial. La hora TU (tiempo universal) es la que corresponde a este meridiano. El siguiente huso, el 1, situado más al este, indica una hora más. Y así sucesivamente. Todos los lugares de la Tierra situados en el mismo huso tienen oficialmente la misma hora.

En la práctica, los límites de los husos horarios vienen determinados por las fronteras de los países o de las provincias; en el mar, por las aguas territoriales.

Excepto en el caso de algunos países que se han desviado unos 30 o 40 minutos de su huso, los minutos y los segundos son idénticos en toda la Tierra, no así las horas.

Después de la Segunda Guerra Mundial, Francia, colocada en el huso 1 por los alemanes, no cambió su situación por comodidad. Actualmente se rige por el huso 1: la hora oficial es una más tarde que el TU del huso 0 durante el horario de invierno y dos horas más tarde durante el horario de verano.

El observatorio de París está a 2° 20′ 14″ al este del meridiano de Greenwich, es decir a 9 min y 21 s del TU. Cuando es mediodía en Greenwich, tendrían que ser las 12 h 9 min 21 s en París, pero oficialmente son las 13 h 9 min 21 en invierno y las 14 h 9 min 21 s en verano.

En París es realmente mediodía solar cuando los relojes marcan las 12 h 50 min 39 s en invierno y las 13 h 50 min 9 s en verano.

Difrencia de ángulo	Diferencia de tiempo
1° de longitud	4 minutos
1′ —	4 segundos
1″ —	1/15 de segundo

Diferencia de tiempo	Diferencia de ángulo
1 hora	15° en longitud
1 minuto	15′ —
1 segundo	15″ —

Entre Estrasburgo (7° 45′ de long. E) y Brest (4° 30′ de long. O) hay una diferencia de 12° 15′ (o 735′), o sea en relación al Sol:

$$735' : 15' = 45 \text{ minutos}$$

* * *

Los marineros en sus barcos, cuya posición es cambiante, saben establecer su posición de forma exacta. ¿Cuánta gente que vive en tierra firme, en residencias fijas, es capaz de dar su posición sobre el globo terráqueo?

El horario de verano

Por un decreto del 4 de septiembre de 1994 en aplicación de una directriz del Consejo de la Comunidad europea del 30 de mayo del mismo año, se estableció el periodo de duración del horario de verano desde el último domingo de marzo, a las 2 de la madrugada, hasta el último domingo de septiembre, a las 3 de la madrugada, para los años 1994 y 1995, y hasta el último domingo de octubre para los años 1996 a 2001.

Satélites

Las dimensiones de los satélites de los planetas no carecen de importancia. Así, Titán (satélite de Saturno), Tritón (satélite de Neptu-no), Ganímedes, Calixto e Ío (satélites de Júpiter) son mayores que nuestro satélite, la Luna.

La medida del tiempo

Cambio de fecha

Los 24 husos horarios sirven también para fijar el día de la semana.

En la antípoda del meridiano de Greenwich se encuentra el meridiano 180, que recibe el nombre de «línea de cambio de fecha» o antimeridiano, situado en el huso 12.

ANTIMERIDIANO

MERIDIANO DE GREENWICH

Para un navegante que vaya de **este a oeste**, los días son más largos porque sigue la dirección del Sol. Cuando cruza la línea de cambio de día, no cambia la hora, pero debe adelantar en un día la fecha de su diario de a bordo.

Para un navegante que vaya de **oeste a este**, los días son más cortos. Cuando cruza la línea de cambio de día, debe retroceder en un día la fecha de su diario de a bordo.

En 1522, Juan Sebastián Elcano llegó a Sanlúcar de Barrameda (Cádiz) con 18 de sus compañeros y 4 malayos a bordo de la nave *Victoria*. Estos supervivientes de la expedición, emprendida por Magallanes el 20 de septiembre de 1519 con 265 marinos a bordo de cinco naves, acababan de dar la primera vuelta al mundo (en dirección oeste). Elcano llegaba a puerto el sábado 6 de setiembre de 1522, pero en su diario de navegación constaba «viernes 5». Ignoraba el fenómeno del cambio de fecha. Posteriormente, Julio Verne utilizó este detalle en su novela *La vuelta al mundo en ochenta días*.

El Servicio Internacional de Rotación Terrestre, establecido en París, regula por radio las señales horarias de todo el mundo.

Problema 51: la vida a cámara lenta

El viejo reloj de pared de la abuela da las horas lentamente. Para dar las 4:00, tarda 3 segundos.

¿Cuánto tiempo tardará a mediodía?

El Sol sale diariamente por el este. Por ello son las 15:00 h en Moscú y las 7:00 h en Nueva York cuando en París es mediodía.

Estados Unidos, exceptuando Alaska y Hawai, están divididos en cuatro husos horarios. Cuando en Nueva York son las 7:00 h, en Nueva Orleáns son las 6:00 h, en Denver son las 5:00 h y en Los Ángeles son las 4:00 h.

Por su parte, Rusia, desde el Báltico hasta el Pacífico, tiene 11 horas distintas en el mismo instante.

En un mapamundi o un planisferio, la rotación de la Tierra sigue el sentido oeste-este.

Para alguien que se encuentre en el Polo norte, la Tierra gira en sentido *sinistrórsum*; en el Polo sur, el sentido es *dextrórsum* (ver página 244).

Para alguien que se encuentra en el Polo norte o en el Polo sur donde se unen los husos horarios, no hay hora.

Problema 52: carrera de persecución

A mediodía y a medianoche, las manecillas del reloj se superponen.

¿Cuántas veces se superponen entre mediodía y medianoche?

Los calendarios

Es necesario poder realizar la medición de un periodo de tiempo largo a partir de un acontecimiento determinado.

El número de eras conocidas es considerable. La mayoría de los pueblos históricos tuvieron sus propios cómputos del tiempo, que solían tener como punto de partida algún hecho importante de sus propios anales. Al irse ampliando las relaciones entre los pueblos, se fueron abandonando los calendarios locales. No subsiste prácticamente ninguno aparte de los de la era cristiana, de la era de la hégira y de la era de los judíos para la observancia religiosa.

Para fijar los años, la referencia más sencilla, a la vez que la más visible, es la imagen de la Luna. Los calendarios musulmán y judío son calendarios lunares, en tanto que el gregoriano es un calendario solar basado en las estaciones.

La Tierra tarda un año de 365,2422 días, o 365 días, 5 horas, 48 minutos y 46 segundos, en dar una vuelta alrededor del Sol. Es obvio que esta duración, debido a las fracciones de día que comporta, no puede usarse como referencia fija para medir el tiempo. El inicio del año debe coincidir, en el calendario, con el inicio de un día. Por ello hay que modificar la duración del año cuando las fracciones acumuladas suman un día completo.

Dueño del mundo romano, Julio César implantó, en el año 45 a. C., el calendario juliano*: el año tendría 365 días y cada cuatro años se añadiría un día, o sea 366 días. El calendario juliano se mantuvo vigente durante mucho tiempo, pero tenía un fallo: puesto que el año solar no tiene exactamente 365,25 días, el calendario juliano excedía el año solar real en 11 minutos y 14 segundos, lo que acumulaba una diferencia de un día en 128 años. Después de varios siglos, este desfase hizo que solsticios y equinoccios retrocedieran hacia el inicio del año.

Equinoccio: periodo en que los días y las noches tienen la misma duración. Sucede anualmente el 21 o 22 de marzo (equinoccio de primavera) y el 22 o 23 de septiembre (equinoccio de otoño).

Solsticio: periodo en que la duración del día es más larga (21 de junio, solsticio de verano) y más corta (21 de diciembre, solsticio de invierno).

En 1582, el papa Gregorio XIII, basándose en los trabajos realizados por Lilio, Clavius y Chacón, publicó la bula *Inter gravissimas* para derogar el calendario juliano y sustituirlo por el gregoriano. Al jueves 4 de octubre de 1582 le siguió el viernes 15 de octubre de 1582 (se mantuvo la secuencia de los días de la semana).

Santa Teresa de Ávila murió la noche del 4 al 15 de octubre de 1582.

---

* César tuvo conocimiento de este calendario, basado en el ciclo solar, durante su estancia en Egipto, asesorado acerca de sus ventajas por el astrónomo Sosífenes de Alejandría *(N. del T.)*.

Según este nuevo calendario, son años de 365 días aquellos cuyo número no es divisible por 4; los que pueden dividirse por 4 tienen 366 días, con excepción de los años que ponen fin a los siglos y que terminan con dos ceros. Para estos años, existe una regla adicional según la cual sólo cuentan como bisiestos los años seculares cuyo número es divisible por 400. Así, los años 1700, 1800 y 1900 no fueron bisiestos, pero sí lo fue el 2000.

El calendario gregoriano se regula, pues, por periodos de 400 años durante los cuales se añaden 97 días intercalares (el 29 de febrero), de forma que 400 años contienen:

$$(365 \times 400) + 97 = 146.097 \text{ días.}$$

La duración del año gregoriano es por tanto:

$$146.097 : 400 = 365,2425 \text{ días.}$$

Pero el año gregoriano excede en 0,0003 días, o 25,92 segundos, el año solar real que sólo tiene 365,2422 días. Este error es desdeñable ya que se necesitarían 3.333,33 años para hacer un día completo. Sin embargo, el astrónomo Delambre propuso corregir este ligero desvío haciendo que el año 4000 y sus múltiplos sean años comunes en lugar de bisiestos (disponemos de tiempo suficiente para pensarlo); así, el error sería de sólo un día dentro de 100.000 años.

La reforma gregoriana fue adoptada en Francia el mismo año de su promulgación: al domingo 9 de diciembre de 1582 le siguió el lunes 20 de diciembre de 1582. Esta reforma pronto fue adoptada por los restantes países católicos, mientras que los países protestantes mostraron ciertas reticencias por tratarse de una iniciativa papal.

El clero de las iglesias ortodoxas orientales todavía usa el calendario juliano. Así, su Navidad corresponde al 7 de enero de nuestro calendario. La Revolución de Octubre de 1917 se inició el 6 de noviembre de nuestro calendario, que correspondía al 24 de octubre en Rusia.

Para facilitar las relaciones internacionales, el calendario gregoriano ha sido adoptado por todos los Estados. Los últimos en hacerlo fueron Grecia en 1923 y Turquía en 1926.

> Gran Bretaña y sus colonias no adoptaron el calendario gregoriano hasta 1752. George Washington había nacido en Virginia el 11 de febrero de 1732 del calendario juliano. Tras la adopción del nuevo calendario, el día de su aniversario pasó al 22 de febrero, fecha en la que todavía se celebra su nacimiento.

El calendario juliano

Hasta el 4 de octubre de 1582 sólo se usaba el calendario juliano, que era el único sistema de datación.

A partir de esta fecha se produjo una divergencia: la fecha de aquellos que siguieron usando el sistema juliano presentaba un retraso con relación a la fecha de aquellos que habían adoptado el calendario gregoriano. Ello por dos motivos:

a) cuando se implantó el calendario gregoriano, se produjo un salto hacia delante de 10 días;

b) el calendario juliano considera bisiestos los años seculares que no son divisibles por 400 (es decir 1700, 1800 y 1900), mientras que para el calendario gregoriano son años comunes, lo que añade un día más de diferencia a cada uno de estos años.

El día adicional de un año bisiesto juliano sigue al 24 de febrero y lleva el nombre de *bisextus dies calendas Martii*, de donde procede la palabra «bisiesto».

I. Correspondencia entre ambos calendarios cuando se implantó el sistema gregoriano

(juliano)	(gregoriano)
4 de octubre de 1582	4 de octubre de 1582
5 de octubre de 1582	15 de octubre de 1582
6 de octubre de 1582	16 de octubre de 1582
...	...

El calendario juliano presenta, pues, una diferencia de 10 días; y siguió siendo así hasta febrero/marzo de 1700.

II. Correspondencia a partir de febrero/marzo de 1700

(juliano)	(gregoriano)
17 de febrero de 1700	27 de febrero de 1700
18 de febrero de —	28 de febrero de —
19 de febrero de —	1 de marzo de —
20 de febrero de —	2 de marzo de —
21 de febrero de —	3 de marzo de —
22 de febrero de —	4 de marzo de —
23 de febrero de —	5 de marzo de —
24 de febrero de —	6 de marzo de —
bisiesto	7 de marzo de —
25 de febrero de —	8 de marzo de —
26 de febrero de —	9 de marzo de —
27 de febrero de —	10 de marzo de —
28 de febrero de —	11 de marzo de —
1 de marzo de —	12 de marzo de —
2 de marzo de —	13 de marzo de —
...	...

A partir de esa fecha, la diferencia entre ambos calendarios es de 11 días, diferencia que se mantuvo hasta febrero/marzo de 1800, en que pasó a ser de 12 días (1 de marzo/13 de marzo).

En febrero/marzo de 1900 se añadió otro día, con lo que el desfase pasó a ser de 13 días (1 de marzo/14 de marzo). Si siguen coexistiendo ambos sistemas, a partir de febrero/marzo de 2100 la diferencia será de 14 días.

El calendario republicano francés

Este calendario fue creado por la Convención (decreto del 14 de vendimiario año II, o 5 de octubre de 1792), que decidió sustituir retroactivamente el calendario gregoriano por el republicano a partir del 22 de setiembre de 1792.

Este calendario no podía ser universal: partiendo de un hecho particular de la historia de Francia, el nombre de los meses hacía referencia al clima francés y ponía fin al ritmo septenario de los días.

El nuevo calendario quiso romper con todo: los nombres de los meses, los días y las celebraciones. La semana fue sustituida por una década de 10 días, los días pasaron a tener 10 horas; la hora, 100 minutos; y el minuto, 100 segundos. Esta utópica división del tiempo no llegó a aplicarse. El año republicano comprendía 12 meses de 30 días, más 5 días festivos situados después de *fructidor*. Estos días complementarios, que no pertenecían a ningún mes, se consagraban a celebrar las fiestas republicanas. Si el año era bisiesto, se añadía un sexto día festivo, el día de la Revolución.

Los meses de otoño eran: *vendimiario, brumario* y *frimario*; los de invierno: *nivoso, pluvioso* y *ventoso*; los de primavera: *germinal, floreal* y *pradial*; y los de verano: *mesidor, termidor* y *fructidor*.

Teóricamente, este calendario entró en vigencia a partir del 22 de septiembre de 1792, pero como se aplicó con un año de retraso, no existe documento alguno que lleve fecha del año I. Oficialmente duró hasta el 31 de diciembre de 1805, o sea 13 años y 3 meses; la Comuna de París volvió a adoptarlo del 6 al 23 de mayo de 1871 (del 16 *floreal* al 3 de *pradial* del año LXXXIX).

El calendario musulmán

Según la tradición, el profeta Mahoma huyó de La Meca a Medina la noche del 15 al 16 de julio de 622 de nuestro calendario. Esta emigración (*hedjra* en árabe, «hégira» en español) es el punto de partida de la cronología musulmana, fechada el 15 de julio por los historiadores y el 16 por algunos astrónomos. Hacia 630, el califa Umar I, emir de los creyentes, fijó el inicio de la era de la hégira. Investigaciones posteriores han puesto de manifiesto que la huida del Profeta tuvo lugar unos días más tarde, el 22, 23 o 24 de septiembre de 622, pero se mantuvo la fecha tradicional.

El calendario musulmán tiene 12 meses de 30 y 29 días alternativamente. El último mes, el de El Aïd el Kebir, tiene un día adicional en los años llamados «extraordinarios» o «abundantes», que son, en un ciclo de 30 años, los años 2, 5, 7, 10, 13, 16, 28, 21, 24, 26 y 29 de este ciclo. (Algunos expertos consideran abundante el año 15º del ciclo en lugar del 16º.)

El año musulmán es un año lunar de 354 o 355 días. Con relación a nuestro calendario, empieza de un año a otro con un adelanto de 10 a 12 días. Así, por ejemplo, el mes del ramadán (9º mes, mes del ayuno) empezó el 11 de mayo en 1986, el 30 de abril en 1987, el 18 de abril en 1988, el 7 de abril de 1989, el 28 de marzo de 1990, el 17 de marzo de 1991, etc.

El inicio del mes se establece en función de la observación directa de la Luna. Puesto que circunstancias accidentales pueden impedir la observación de la primera aparición del astro, la fecha de inicio de un mismo mes puede variar de una localidad a otra, lo que perjudica la precisión de las dataciones.

Cien años de la hégira equivalen a 97 años solares + 8 días y 4 horas. A la inversa, 100 años solares corresponden a 103 años musulmanes + 24 días y 12 horas.

La conversión de las fechas de la hégira en fechas de la era cristiana exige cálculos bastante complejos que tienen en cuenta los ciclos de 30 años del calendario musulmán (10.631 días), los periodos de 4 años (1.461 días) del calendario juliano, el tiempo transcurrido entre el inicio de la era cristiana y el 16 de julio del 622 (227.016 días), el desfase entre los calendarios juliano y gregoriano y la duración de los meses en cada sistema.

Para un cálculo aproximado pero rápido, pueden utilizarse las siguientes fórmulas simplificadas:

1. Conversión de un año musulmán en año gregoriano:

(año musulmán x 0,97) + 622 = año gregoriano.

Ejemplo: 1391 de la hégira x 0,97 = 1349,27;
1349,27 + 622 = 1971,27
(es decir de 1971 a 1972 de nuestra era).

2. Conversión de un año gregoriano en año musulmán:

$$\frac{\text{año gregoriano} - 622}{0,97} = \text{año musulmán}$$

Ejemplo: 1947 de nuestra era − 622 = 1325;
1325 : 0,97 = 1365,97
(es decir de 1365 a 1366 de la hégira).

Meses del calendario musulmán

Nombre literario	Nombre popular	Duración
Muharram	Achura	30 días
Safar	Chaia achura	29 días
Rabi al-'awwal	El Mulud	30 días
Rabi 'ath-thani	Chaia el Mulud	29 días
Djumada al-'awwal	Dja	30 días
Djumada th-thani	Djuma	29 días
Radjab	Redjeb	30 días
Cha'ban	Chaban	29 días
Ramadán	Ramadán	30 días
Chawwal	El Aïd es Seghir	29 días
Dhu al-qa'ada	Bin el aïad	30 días
Dhu al-hidjdja	El Aïd el Kebir	29 o 30 días

Correspondencia entre los calendarios musulmán y gregoriano para fines del siglo xx

El 1 de Muharram es el primer día del año musulmán.
El 1 de Muharram de 1411 es el 14 de julio de 1990

—	1412 —	13 de julio de 1991
—	1413 —	2 de julio de 1992
—	1414 —	21 de junio de 1993
—	1415 —	10 de junio de 1994
—	1416 —	31 de mayo de 1995
—	1417 —	19 de mayo de 1996
—	1418 —	9 de mayo de 1997
—	1419 —	28 de abril de 1998
—	1420 —	18 de abril de 1999
—	1421 —	6 de abril de 2000
—	1422 —	25 de marzo de 2001

El 1 de Muharram de 1411 es el inicio del ciclo de 30 años que abarca el fin del siglo xx y el principio del siglo xxi).

Los siglos y la datación

Un milenio = 1.000 años.
 El 3er milenio a. C. va del −3000 al −2001.
 El 2° milenio a. C. va del −2000 al −1001.
 El 1er milenio a. C. va del −1000 al −1.

 El 1er milenio de nuestra era va del 1 al 1000.
 El 2° milenio de nuestra era va del 1001 al 2000.

Un siglo = 100 años.
 El siglo II a. C. va del −200 al −101.
 El siglo I a. C. va del −100 al −1.

Dionisio el Exiguo,* que estableció el inicio de la era cristiana, llamó «año 1 de la era» al año 754 de Roma.

Presunta fecha del nacimiento de Cristo

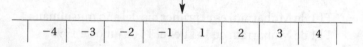

Para los historiadores no existe el año 0. Así, el número de años transcurridos entre una fecha a. C. y una fecha d. C. es igual a la suma de los años menos 1. Por ejemplo, el Imperio romano duró del −27 al 395, es decir (27 + 395) − 1 = 421 años.

Los astrónomos, para simplificar sus cálculos, llaman «año 0» al que precede al año 1 de la era cristiana.

Algunos estudios han puesto de manifiesto que se cometió un error al fijar el inicio de la era cristiana: es probable que Cristo hubiera nacido hacia el año 5, 6 o 7 antes de nuestra era. Sin embargo, ya no se pueden modificar las convenciones.

---

* Apodado así por su corta estatura, este monje escita, que pasó parte de su vida (470-550) en Roma, recibió del papa Juan I el encargo de calcular la sucesión de las fechas de la pascua cristiana. *(N. del T.)*

El siglo I va del año 1 al año 100.
El siglo II va del año 101 al 200.
El siglo III va del año 201 al 300.
...
El siglo XIX va del 1801 al 1900.
El siglo XX va del año 1901 al 2000.
El siglo XXI va del año 2001 al 2100.

El siglo XX termina la medianoche del 31 de diciembre de 2000. A partir de este instante, se inician el siglo XXI y el 3er milenio.

Los habitantes del globo terráqueo no pasarán a la vez de un siglo a otro. Como el comienzo de cada día y de cada año, el inicio del siglo XXI y del 3er milenio tendrá lugar alrededor de la Tierra al sonido de las 12 campanadas de medianoche. Primero serán los habitantes de la primera mitad del huso horario 12 (Nueva Zelanda), una hora más los del huso 11 (Nueva Caledonia) y, de hora en hora, en dirección oeste, los de los husos 10, 9, 8,... 2, 1, 0, 23, 22, 21, ... 14, 13 y la segunda mitad del huso 12 (ver página 179).

***

Para saber a qué siglo pertenece una fecha cualquiera, basta con sumar 1 a las centenas de dicha fecha. Así, 1635 pertenece al siglo (16 + 1) = XVII. Hay que exceptuar el último año del siglo: 1400 se engloba en el siglo XIV.[1]

---

1. El uso difiere en italiano: el *trecento* es el siglo de los años 13.. (nuestro siglo XIV); el *quattrocento* es el siglo de los años 14.. (nuestro siglo XV), etc.

Cómo averiguar el día de la semana de una fecha gregoriana dada

Se han inventado varios métodos para averiguar a qué día de la semana corresponde una fecha determinada.

A continuación se explican los dos procedimientos más sencillos.

A. Primer procedimiento

Este método es válido para el periodo comprendido entre los años 1 y 2499, consultando en orden los cuadros I, II y III que aparecen más abajo.

En el cuadro I, en la intersección de la línea de las centenas del año y la columna de las dos últimas cifras aparece un índice (de *a* hasta *g*). Anotar este índice.

Ir al cuadro II. Buscar la correspondencia del primer índice con el mes. Tenemos un segundo índice (de 1 hasta 7).

En el cuadro III, buscar la correspondencia de la línea del segundo índice con la columna del día del mes. Obtendremos el día de la semana.

Tomemos como ejemplo la fecha del 14 de julio de 1789. La consulta del cuadro I nos proporciona (intersección entre 17 y 89) el primer índice: f. En la correspondencia entre f y julio del cuadro II hallamos el segundo índice: 4. La consulta del cuadro III nos proporciona (correspondencia entre 4 – 14) el día de la semana: martes.

Por el mismo procedimiento podremos averiguar que la Primera Guerra Mundial (1914-1918) terminó en un lunes y que el 31 de diciembre de 2000, último día del siglo XX, caerá en domingo.

I. Cuadro de los años

15a: para los años hasta el 4 de octubre de 1582, incluido.

15b: para las fechas a partir del 15 de octubre de 1582, incluido. (Las fechas del 5 al 14 de octubre de 1582 no existen.)

Los números en negrita indican los años bisiestos.

* Los años seculares son bisiestos sólo si son divisibles por 400 (lo que es el caso exclusivamente de 400, 800, 1200, 1600, 2000, 2400).

Las dos últimas cifras del año

00*	01	02	03		**04**	05
06	07		**08**	09	10	11
		12	13	14	15	**16**
17	18	19		**20**	21	22
23		**24**	25	26	27	
28	29	30	31		**32**	33
34	35		**36**	37	38	39
		40	41	42	43	**44**
45	46	47		**48**	49	50
51		**52**	53	54	55	
56	57	58	59		**60**	61
62	63		**64**	65	66	67
		68	69	70	71	**72**
73	74	75		**76**	77	78
79		**80**	81	82	83	
84	85	86	87		**88**	89
90	91		**92**	93	94	95
		96	97	98	99	

Las centenas del año

0	7	14	17	21	g	a	b	c	d	e	f
1	8	15a			f	g	a	b	c	d	e
2	9		18	22	e	f	g	a	b	c	d
3	10				d	e	f	g	a	b	c
4	11	15b	19	23	c	d	e	f	g	a	b
5	12	16	10	24	b	c	d	e	f	g	a
6	13				a	b	c	d	e	f	g

II. Cuadro de los meses

Índice obtenido del cuadro I	Mes de la fecha						
	mayo	agosto **febrero**	febrero marzo noviembre	junio	setiembre diciembre	abril julio **enero**	enero octubre
a	1	2	3	4	5	6	7
b	2	3	4	5	6	7	1
c	3	4	5	6	7	1	2
d	4	5	6	7	1	2	3
e	5	6	7	1	2	3	4
f	6	7	1	2	3	4	5
g	7	1	2	3	4	5	6

Los meses que aparecen en **negritas** sólo sirven para los años bisiestos.

III. Cuadro de los días

Índice obtenido del cuadro II	Día de la fecha						
	1 8 15 22 29	2 9 16 23 30	3 10 17 24 31	4 11 18 25	5 12 19 26	6 13 20 27	7 14 21 28
1	D	L	Ma	Mi	J	V	S
2	L	Ma	Mi	J	V	S	D
3	Ma	Mi	J	V	S	D	L
4	Mi	J	V	S	D	L	Ma
5	J	V	S	D	L	Ma	Mi
6	V	S	D	L	Ma	Mi	J
7	S	D	L	Ma	Mi	J	V

B. Segundo procedimiento

Este procedimiento es válido para el período comprendido entre el 1 de enero de 1789 y el 31 de diciembre del 2132.

1789	1801	1829	1857	1885		1925	1953	981	2009	2037
1790	1802	1830	1858	1886		1926	1954	982	2010	2038
1791	1803	1831	1859	1887		1927	1955	1983	2011	2039
1792	**1804**	**1832**	**1860**	**1888**		**1928**	**1956**	**1984**	**2012**	**2040**
1793	1805	1833	1861	1889	1901	1929	1957	1985	2013	2041
1794	1806	1834	862	1890	1902	1930	1958	1986	2014	2042
1795	1807	1835	1863	1891	1903	1931	1959	1987	2015	2043
1796	**1808**	**1836**	**1864**	**1892**	**1904**	**1932**	**1960**	**1988**	**2016**	**2044**
1797	1809	1837	1865	1893	1905	1933	1961	1989	2017	2045
1798	1810	1838	1866	1894	1906	1934	962	1990	2018	2046
1799	1811	1839	1867	1895	1907	1935	1963	1991	2019	2047
	1812	**1840**	**1868**	**1896**	**1908**	**1936**	**1964**	**1992**	**2020**	**2048**
	1813	1841	1869	1897	1909	1937	1965	1993	2021	2049
	1814	1842	1870	1898	1910	1938	1966	1994	2022	2050
	1815	1843	1871	1899	1911	1939	1967	1995	2023	2051
	1816	**1844**	**87**		**1912**	**1940**	**1968**	**1996**	**2024**	**2052**
1800	1817	1845	1873		1913	1941	1969	1997	2025	2053
	1818	1846	1874		1914	1942	1970	1998	2026	2054
	1819	1847	1875		1915	1943	1971	1999	2027	2055
	1820	**1848**	**1876**		**1916**	**1944**	**1972**	**2000**	**2028**	**2056**
	1821	1849	1877	1900	1917	1945	1973	2001	2029	2057
	1822	1850	1878		1918	1946	1974	2002	2030	2058
	1823	1851	1879		1919	1947	1975	2003	2031	2059
	1824	**1852**	**1880**		**1920**	**1948**	**1976**	**2004**	**2032**	**2060**
	1825	1853	1881		1921	1949	1977	2005	2033	2061
	1826	1854	1882		1922	1950	1978	2006	2034	2062
	1827	1855	1883		1923	1951	1979	2007	2035	2063
	1828	**1856**	**1884**		**1924**	**1952**	**1980**	**2008**	**2036**	**2064**

Modo de empleo:

En el cuadro grande, seguir la fila de los años y la columna de los meses; en la intersección aparece un número.

Sumar a este número la fecha del día: se obtiene un número de 1 o 2 cifras.

En el cuadro más pequeño de la página 198, buscar dicho número; de este modo aparecerá el día de la semana en la columna de la derecha.

			ENERO	FEBRERO	MARZO	ABRIL	MAYO	JUNIO	JULIO	AGOSTO	SEPTIEMBRE	OCTUBRE	NOVIEMBRE	DICIEMBRE
2065	2093	2105	4	0	0	3	5	1	3	6	2	4	0	2
2066	2094	2106	5	1	1	4	6	2	4	0	3	5	1	3
2067	2095	2107	6	2	2	5	0	3	5	1	4	6	2	4
2068	**2096**	**2108**	0	3	4	0	2	5	0	3	6	1	4	6
2069	2097	2109	2	5	5	1	3	6	1	4	0	2	5	0
2070	2098	2110	3	6	6	2	4	0	2	5	1	3	6	1
2071	2099	2111	4	0	0	3	5	1	3	6	2	4	0	2
2072		**2112**	5	1	2	5	0	3	5	1	4	6	2	4
2073		2113	0	3	3	6	1	4	6	2	5	0	3	5
2074		2114	1	4	4	0	2	5	0	3	6	1	4	6
2075		2115	2	5	5	1	3	6	1	4	0	2	5	0
2076		**2116**	3	6	0	3	5	1	3	6	2	4	0	2
2077	2100	2117	5	1	1	4	6	2	4	0	3	5	1	3
2078		2118	6	2	2	5	0	3	5	1	4	6	2	4
2079		2119	0	3	3	6	1	4	6	2	5	0	3	5
2080		**2120**	1	4	5	1	3	6	1	4	0	2	5	0
2081		2121	3	6	6	2	4	0	2	5	1	3	6	1
2082		2122	4	0	0	3	5	1	3	6	2	4	0	2
2083		2123	5	1	1	4	6	2	4	0	3	5	1	3
2084		**2124**	6	2	3	6	1	4	6	2	5	0	3	5
2085		2125	1	4	4	0	2	5	0	3	6	1	4	6
2086		2126	2	5	5	1	3	6	1	4	0	2	5	0
2087		2127	3	6	6	2	4	0	2	5	1	3	6	1
2088		**2128**	4	0	1	4	6	2	4	0	3	5	1	3
2089	2101	2129	6	2	2	5	0	3	5	1	4	6	2	4
2090	2102	2130	0	3	3	6	1	4	6	2	5	0	3	5
2091	2103	2131	1	4	4	0	2	5	0	3	6	1	4	6
2092	**2104**	**2132**	2	5		2	4	0	2	5	1	3	6	1

Ejemplo: 12 de abril de 1969.

En la intersección de la fila en que aparece 1969 y la columna en que aparece abril, tenemos el número 2.

Sumar 2 + 12 = 14.

En el cuadro pequeño, 14 corresponde a sábado.

El 12 de abril de 1969 cayó en sábado.

1	8	15	22	29	36	domingo
2	9	16	23	30	37	lunes
3	10	17	24	31		martes
4	11	18	25	32		miércoles
5	12	19	26	33		jueves
6	13	20	27	34		viernes
7	14	21	28	35		sábado

El año 2000 de la era gregoriana es:
el año 1420-1421 de la hégira (calendario musulmán),
el año 208-209 del calendario republicano francés,
el año 5760-5762 del calendario israelita.

Irregularidades

La medición del tiempo se basa en el uso de instrumentos que han ido evolucionando con el progreso: la varilla del reloj de sol proyectaba una sombra que había que medir, el reloj de arena dejaba fluir arena fina y la clepsidra funcionaba con agua. Luego aparecieron los relojes mecánicos, de péndulo y de volante, los relojes de resorte y de escape, los relojes de cuarzo piezoeléctricos que vibran a 32.768 hercios por segundo, lo que asegura un tiempo regular, ya que el error posible es de tan sólo un segundo en 275 años. En 1967, los expertos establecieron el TAI (tiempo atómico internacional) gracias a un reloj de cesio (ver página 84) que controla el tiempo de forma muy constante, con una precisión de una millonésima de milmillonésima de segundo o, si se prefiere, diezmilésimas de segundo en un siglo. En 1972, el TAI fue sustituido por el UTC (tiempo universal coordinado).

Desde entonces, la rotación de la Tierra ya no sirve de base para calcular la hora exacta, sino a la inversa: nuestros instrumentos revelan las irregularidades de la rotación de nuestro planeta.

Hasta 1988, el organismo encargado de controlar la medición del tiempo era la OIH (Oficina Internacional de la Hora), que fue sustituida por el Servicio Internacional de Rotación Terrestre (en el Observatorio de París) y la Oficina Internacional de Pesas y Medidas (en el pabellón de Breteuil en Sèvres, Francia).

Desde 1987, la duración media del día terrestre ha aumentado en un milisegundo. La rotación de la Tierra se ralentiza constantemente: las medidas atómicas del tiempo nos lo han confirmado. Esta disminución de velocidad se debe a que nuestro planeta no es una esfera lisa, sino una bola rugosa sensible a las mareas, a las variaciones estacionales, a las erupciones solares. Esta reducción de velocidad se manifiesta en un alargamiento de la duración del día, motivo por el cual de vez en cuando se añade un segundo al año, de modo que quede asegurada la correlación. Así se hizo el 31 de diciembre de 1989 y 1995, el 30 de junio de 1994 y 1997, lo que resulta muy poco sensible para los profanos. No debe sorprendernos si nuestro reloj de cuarzo, siempre puntual, parece haber variado un segundo.

Los astrónomos estiman que en la actualidad un día tiene una duración aproximada de 25 horas de la época de Jesucristo. Al ser los días más cortos, también los años eran más cortos. (¿Sería ésta la explicación de que Adán tuviera 930 años y Matusalén 969?)

Por otra parte, los segundos supernumerarios son cada vez más frecuentes, por lo que dentro de unos 220 millones de años el día tendrá 25 horas de las nuestras para coincidir con la rotación de la Tierra. Y, en un futuro aún más lejano, cuando el día dure un año, la Tierra tendrá siempre la misma cara expuesta al Sol. Sus habitantes se asarán o congelarán según el lugar en que vivan. Tendríamos que ir avisando a nuestros descendientes.

Problema 53: ¡últimas noticias!

Un repartidor de periódicos novato, al encontrarse frente a un grupo de 9 casas, se hace el siguiente planteamiento: «Partiendo de A, tengo que pasar por todas las casas. Mi predecesor me dijo que se podía lograr siguiendo un trayecto de 4 líneas rectas con 3 giros de 45°. ¿Cómo lo haré?».

El cómputo

Procedentes del latín *computare* («calcular»), han llegado hasta nuestros días las palabras *cómputo* («cálculo»), *computación* («método de cálculo»), *contar* y demás voces derivadas de la misma etimología. El idioma inglés la ha tomado para designar el *computer*, que ha pasado a nuestro idioma como «computador» (o «computadora»), palabra de uso corriente junto con «ordenador», de origen francés.

El cómputo aparecía hasta no hace mucho en nuestros almanaques, y todavía existe en los calendarios eclesiásticos. El computista es la persona encargada de regular el tiempo para uso eclesiástico y cuyo principal objeto es la fijación de la fecha de Pascua.

Los elementos del cómputo anual son: la letra dominical, el número áureo, la epacta, el ciclo solar y la indicción romana.

- La **letra dominical**, de A a G, indica qué día de la semana es el primer domingo del año según el código: A (1 de enero), B (2 de enero), C (3 de enero), D (4 de enero), E (5 de enero), F (6 de enero), G (7 de enero). Si el año es bisiesto, se indican dos letras: a la letra correspondiente se le añade la precedente. Así por ejemplo, para el año 1972, BA; para 1956, AG.

- El **número áureo** indica el lugar que ocupa un año en un periodo de 19 años, intervalo tras el cual las lunaciones recaen casi en los mismos días. Los periodos se inician en el año 1 de la era cristiana al que se asignó el número 2. La finalidad del número áureo es establecer la correspondencia del año lunar con el año solar. Los últimos periodos del siglo XX son 1957-1975, 1976-1994, 1995-2014.

- La **epacta** indica la edad de la lunación justo antes del 1 de enero, para un periodo de 29 años. Una lunación exacta (tiempo entre dos lunas nuevas) dura 29 días 12 horas 44 minutos y 2,8 segundos. Llamamos luna nueva al momento en que la Luna no es visible desde la Tierra. La epacta es 0 si la luna nueva cae en 31 de diciembre, 5 si la luna nueva tiene 5 días (cayó en 26 de diciembre). Ver el calendario lunar en la página 154.

- El **ciclo solar** es un periodo de 28 años julianos que lleva los mismos días de la semana en las mismas fechas del mes. Los últimos periodos del ciclo solar del siglo XX son: 1952-1979; 1980-2007.

- La **indicción romana** indica el lugar que ocupa un año en un periodo de 15 años que se renueva perpetuamente. Se obtiene sumando 3 al número del año y dividiendo el resultado por 15. El residuo expresa la indicción de dicho año. Si no hay residuo, la indicción es 15. Las bulas papales se fechan según la indicción. Los últimos periodos de la indicción del siglo XX son: 1978-1992; 1993-2007.

La fecha de Pascua

La epacta se utiliza para calcular la fecha de Pascua. En el concilio de Nicea del año 325, se estableció que la fiesta de **Pascua** de Resurrección debe celebrarse el domingo siguiente al plenilunio posterior al 21 de marzo, día del equinoccio de primavera. La Pascua debe situarse entre el 22 de marzo y el 25 de abril. La fecha de Pascua condiciona las demás celebraciones cristianas:

Miércoles de Ceniza	: 46 días antes de Pascua
1er domingo de Cuaresma	: 42 días
Jueves Santo	: 3 días
Viernes Santo	: 2 días
Ascensión	: 9 días después de Pascua
Pentecostés	: 49 días
Trinidad	: 56 días
Corpus Christi:	: 63 días
Sagrado Corazón	: 68 días

Cuadro del cómputo para finales del siglo XX y principios del XXI

Año	Letra dominical	Número áureo	Epacta	Ciclo solar	Indicción romana	Fecha de Pascua
1990	G	15	3	11	13	15 de abril
1991	F	16	14	12	14	31 de marzo
1992	ED	17	25	13	15	19 de abril
1993	C	18	6	14	1	11 de abril
1994	B	19	17	15	2	3 de abril
1995	A	1	29	16	3	16 de abril
1996	GF	2	10	17	4	7 de abril
1997	E	3	21	18	5	30 de marzo
1998	D	4	2	19	6	12 de abril
1999	C	5	13	20	7	4 de abril
2000	BA	6	24	21	8	23 de abril
2001	G	7	5	22	9	15 de abril
2002	F	8	16	23	10	31 de marzo

2003	E	9	27	24	11	20 de abril
2004	DC	10	8	25	12	11 de abril
2005	B	11	19	26	13	27 de marzo
2006	A	12	0	27	14	16 de abril
2007	G	13	11	28	15	8 de abril
2008	FE	14	22	1	1	23 de marzo
2009	D	15	3	2	2	12 de abril
2010	C	16	14	3	3	4 de abril
2011	B	17	25	4	4	24 de abril
2012	AG	18	6	5	5	8 de abril
2013	F	19	17	6	6	31 de marzo
2014	E	1	29	7	7	20 de abril
2015	D	2	10	8	8	5 de abril
2016	CB	3	21	9	9	27 de marzo
2017	A	4	2	10	10	16 de abril
2018	G	5	13	11	11	1 de abril
2019	F	6	24	12	12	21 de abril
2020	ED	7	5	13	13	12 de abril

Problema 54: andar y pensar

Un camellero y su camello, cuando se desplazan, consumen para su subsistencia común un plátano por kilómetro. Han sido contratados para transportar 3.000 plátanos de A a B, distantes 1.000 km. El camello sólo puede acarrear 1.000 plátanos a la vez. Como máximo, ¿cuántos plátanos puede hacer llegar a B el camellero, que reflexiona y dispone de un cuchillo?

El primer día de la semana

«Y el séptimo día Dios descansó de todas las obras que había acabado» (Génesis II, 2). Para los cristianos, el sábado o *sabbat* era ese día, y el **domingo**, el primer día de la semana. Los cuatro evangelistas decían que Pascua es el primer día de la semana. La letra dominical del cómputo atribuye tradicionalmente la letra A al primer domingo del año para indicar que marca el inicio de una nueva semana.

Es igual para los israelíes: el sabbat va de la puesta del Sol del viernes hasta la puesta del Sol de sábado. También es así para los musulmanes, quienes llaman al domingo *nhar el h'ad* («el día primero»), al lunes *ithnan* («el segundo»), al martes *thalâtha* («el tercero»), etc. Los portugueses dan al lunes el nombre de *segunda-feira*, al martes *tercera-feira*, al miércoles *quarta-feira*, etc. En alemán el miércoles recibe el nombre de *Mittwoch* («mitad de la semana»).

A pesar de todas estas coincidencias, en 1933 la Oficina de Longitudes estableció, de acuerdo con las convenciones internacionales, que el primer día de la semana sería el **lunes**, regla oficial que debe utilizarse desde entonces como referencia.

Navegación

Hasta 1910 (e incluso posteriormente), los mapas editados en Francia tenían como meridiano de origen (meridiano 0) el del Observatorio de París.

Este meridiano aparece trazado en la sala de la primera planta del Observatorio y en el jardín está formado por una línea de adoquines en dirección a la estatua de François Arago, erigida en 1893 en la pequeña plaza de Ile-de-Sein y de la que sólo queda el pedestal, ya que los alemanes se la llevaron en 1942 para convertirla en obuses. En 1994, se colocaron 135 placas de bronce con el nombre de Arago para jalonar este recuerdo que corta París de norte a sur, de la puerta de Montmartre a la Ciudad Universitaria, pasando por el Moulin de la Galette, el Palacio Real, el jardín de Luxemburgo y el Observatorio.

En 1911, Francia adoptó el sistema internacional, que reconocía como meridiano de origen el del Observatorio de Greenwich (suburbio de Londres).

París está a 2° 20′ 14″ de longitud E de Greenwich.

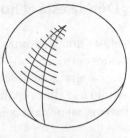

Un arco de 1° medido en latitud sobre un meridiano equivale a 110,563 km cerca del ecuador y 111,679 km cerca de los polos. Esta diferencia se debe al achatamiento del globo en los polos.

Un arco de 1° medido en longitud sobre un paralelo equivale a 111,306 km en el ecuador y va disminuyendo constantemente en dirección a los polos: 78,837 km a 45° y 1,949 km a 89°.

Un trapecio curvilíneo de 1° de lado en longitud y en latitud tiene una superficie de:

12,305 km^2 entre 0° y 1° de latitud (cerca del ecuador);
8,834 km^2 entre 44° y 45 ° de latitud;
0,108 km^2 entre 89° y 90° de latitud (cerca del polo).

Medidas marinas

Para las medidas marinas, se ha adoptado un meridiano medio de 40.000 km.

El arco de 1° equivale a 40.000 km: 360 = 111,111 km.
La *legua marina* vale una 20ª parte, o sea 5.556 m.

El arco de 1′ vale 111,111 km: 60 = 1.851,85 m.
Es la *milla marina*, redondeada a 1.852 m.

El arco de 1″ equivale a 1.852 m: 60 = 30,86 m.

En la antigua marina se utilizaba la *braza* (1,66 m) y el *cable* (120 brazas o 200 m), que son medidas sólo aproximadas.

La *braza inglesa*, que se utiliza para medir la profundidad del agua, equivale a 6 pies o 1,83 m.

Para establecer la capacidad de los barcos (tonelaje), la unidad internacional es la *tonelada de arqueo (register ton)* que vale 2,83 m^2 (100 pies cúbicos ingleses).

¿Dónde está el horizonte?

¿Hasta dónde alcanza nuestra vista cuando nos hallamos a orillas del mar?

La altura de observación por encima del nivel del mar, siendo h la altura en metros, d la distancia horizontal en kilómetros, viene dada por la fórmula:

$$d = 3{,}57\sqrt{h}$$

Naturalmente, las visibilidad detallada en el cuadro de la página siguiente depende del estado de la atmósfera. Las últimas medidas del cuadro se refieren a la navegación aérea.

Altura del ojo (en metros)	Visibilidad hasta (en kilómetros)	Altura del ojo (en metros)	Visibilidad hasta (en kilómetros)
1	3,569	100	35,695
1,70	4,560	200	50,481
2	5,048	300	61,827
3	6,182	400	71,391
4	7,137	500	79,818
5	7,981	600	87,436
6	8,743	700	94,442
7	9,444	800	100,963
8	10,096	900	107,087
9	10,691	1.000	112,880
10	11,288	2.000	159,630
15	12,875	3.000	195,510
20	15,963	4.000	225,760
30	19,551	5.000	252,400
40	22,576	6.000	276,490
50	25,240	7.000	298,650
60	27,649	8.000	319,270
70	29,865	9.000	338,640
80	31,927	10.000	356,590
90	33,864	36.000	casi la mitad del globo

Aquellos que temieron la llegada del año 2000 (y la del 1000, en su tiempo), deberían haber pensado que eso significaba que la Providencia había optado por el sistema decimal y por nuestro modo convencional de datación, algo bastante improbable.

Juego: apuesta ganada

Coloca sobre una mesa 8 objetos de dos tipos distintos (4 copas y 4 vasos; 4 naipes rojos y 4 naipes negros; 4 fichas blancas y 4 fichas negras, etc.), dispuestos de la siguiente forma:

anuncia que vas a mover las fichas de forma que queden intercaladas —una blanca, una negra, una blanca, etc.— en sólo cuatro operaciones, cada una de ellas usando ambas manos que deben desplazar dos objetos contiguos.

Una vez ejecutados los movimientos y logrado el resultado anunciado, apuesta que nadie será capaz de hacerlo en las mismas condiciones.

Ejecución:

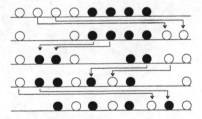

Practica varias veces cuando estés solo para dominar los distintos movimientos. Observa que el primer y cuarto movimiento se hacen hacia la derecha y son largos, mientras que el segundo y el tercero van hacia la izquierda y saltando una sola ficha, como en el juego de damas.

No apuestes hasta estar seguro de que puedes realizar los movimientos del derecho y del revés muy rápidamente.

Atmósfera pesada

Según los cálculos realizados por Franco Vergnani, del laboratorio de astrofísica de la Universidad de Cambridge (Massachussets), la atmósfera terrestre pesa $5.136 \cdot 10^{21}$ g o 5.136.000.000.000.000.000 t.

El primer día del año

Hasta mediados del siglo XVI, el inicio del año variaba en Francia de un lugar a otro. Algunos empezaban el año el día de Navidad, de la Anunciación (25 de marzo), de Pascua o, más a menudo, el 1 de abril. Finalmente, el 4 de agosto de 1564, Carlos IX firmó un edicto que fijaba el 1 de enero como día de inicio del año. Dicho edicto no fue registrado en el Parlamento hasta el 19 de diciembre de 1564 y no se aplicó en todo el reino hasta 1565. Este año duró sólo 9 meses, de abril a diciembre.

El género humano

La población mundial

Según estudios demográficos, ya han vivido un total de 80 millardos de personas sobre la Tierra.

Nuestro planeta tenía un millardo de individuos vivos en 1830, 2 millardos hacia 1925, 3 millardos hacia 1960, 4 millardos hacia 1975 y 5 millardos en 1987.

La población de nuestro planeta (en 1995) era de 5,6 millardos de habitantes, y de unos 6 millardos en enero de 2000. Si la evolución continúa al mismo ritmo, habrá 8,5 millardos de habitantes en 2030 y 10 millardos en 2050.

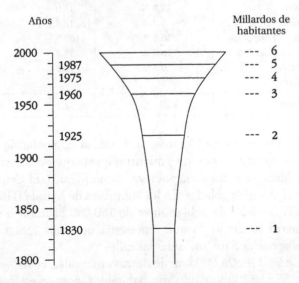

ANDRÉ JOUETTE

La explosión demográfica del siglo XX

La expansión de la población que pone de manifiesto el gráfico de arriba debería compararse con las estadísticas de producción de alimentos, que no siguen en absoluto la misma progresión. La época actual se enfrenta a la cantidad: en un planeta demasiado poblado, el medio ambiente se degrada, se reduce la superficie de bosques y tierras de cultivo, sobre todo en las zonas donde viven los pueblos más pobres y con una alta natalidad. La masa de seres humanos se incrementa cada año en 90 millones de personas adicionales que hay que alimentar. Si el hombre no logra estabilizar la población mundial, la naturaleza se resentirá irremisiblemente. Ya lo predijo Malthus hace dos siglos cuando la población de nuestro planeta era seis veces inferior a la actual.

Continente	Porcentaje de la población mundial	Densidad en 1994
África	11,4 %	18,1 hab. por km²
América	13,8 %	15,9 —
Ex URSS	5,7 %	12,4 —
Asia } excepto la	58,4 %	102,5 —
Europa ∫ ex URSS	10,2 %	99,7 —
Oceanía	0,5 %	2,8 —
Antártida	0 %	0 —
Mundo	100 %	32,4 —

En las tierras de Oceanía, la densidad de población no llega a 3 habitantes por km², mientras que las grandes metrópolis donde se acumula la pobreza, como México, El Cairo o Río, están superpobladas. En los suburbios de Manila (Filipinas), la densidad de población es de 180.000 habitantes por kilómetro cuadrado, lo que representa que cada individuo sólo dispone de 5 m², incluidas las calles.

De los 148.923.000 km² de tierras emergidas, el 40 % (es decir, 59.569.200 km²) no son habitables, porque están cubiertas de hielos, de tundra, desiertos o alta montaña. Si en el 60 % restante (tierras habitadas, cultivables, bosques, sabanas, estepas), es decir 89.353.800 km^2, se repartieran uniformemente los individuos que pueblan la Tierra, a cada uno le correspondería una superficie de 15.956,035 m^2, es decir un cuadrado de 126,31 m de lado (ni siquiera para que paciera una vaca).

Cada vez que se produce un nacimiento, el cuadrado se reduce. Hace un siglo, el cuadrado hubiera medido 244 m de lado.

En 1959, la Organización Mundial de la Salud estimaba que en el transcurso de los últimos 5.559 años, es decir desde el 3600 a. C., la humanidad había participado en 14.513 guerras que habían causado la muerte a 3.640.000.000 de personas.

De los 10 millardos de seres humanos fallecidos en 234 años (de 1740 a 1974), las guerras «sólo» mataron a 88 millones, lo que representa un 0,88 %.

Otros episodios que a lo largo de la historia han incidido en las estadísticas son, además de las guerras, el cólera, la peste, la malaria, la viruela, el tifus y el sida. En 1918-1919, la gripe llamada española causó la muerte de 25 millones de personas frente a los 9 millones fallecidos en la guerra.

Estos millardos, estos millones de seres humanos, representan mucho para nuestro planeta, pero, considerados desde otra óptica, son muy poco:

Francia posee en el sur del Océano Índico el archipiélago de las Kerguelen (más de 300 islas). Si se juntara toda la población mundial en la isla más grande y se cediera 1 m^2 a cada persona, todavía quedarían libres 500 km^2 para los conejos, las focas y los pájaros de la isla.

Y si en un cruel genocidio se lanzara a toda la población mundial (excepto una persona encargada de tomar las medidas) dentro del lago Victoria (entre Uganda y Tanzania), el nivel de las aguas sólo se elevaría 4 mm (exactamente

4,1116 mm). Este hipotético cálculo se basa en el supuesto de que el cuerpo humano tuviera un volumen medio de 50 litros y que las orillas del lago fueran verticales; como éste no es el caso, la elevación del nivel del agua sería en realidad muy inferior.

Sólo unos pocos milímetros: no habría que modificar los mapas y la Tierra seguiría girando, libre de griteríos.

Genealogía

Intentar identificar todos los antepasados es, en teoría, sumergirse en un pozo sin fondo.

Suponiendo que haya tres generaciones por siglo y mencionando tan sólo a los parientes más directos, una persona nacida en 1990 tiene a sus padres nacidos en 1957 y podrá enumerar:

4	nacidos en	1924	64	nacidos en	1792
8	—	1891	128	—	1759
16	—	1858	256	—	1726
32	—	1825	512	—	1693

y, gracias a una progresión geométrica de razón 2,

1.024	nacidos en	1660 (bajo el reinado de Luis XIX)
8.192	—	1560 (bajo el reinado de Francisco I)
65.536	—	1460 (bajo el reinado de los Carlos VII)
524.288	—	1360 (bajo el reinado de Juan el Bueno)
4.194.304	—	1260 (bajo el reinado de San Luis)
33.554.432	—	1160 (bajo el reinado de Luis VII)
268.435.456	—	1060 (bajo el reinado de Felipe I)
2.147.483.648	—	960 (bajo el reinado de Lotario)

¡Basta ya! No es posible: esta cantidad supera la población mundial y América todavía no había sido descubierta. La teoría matemática carece de valor en este campo: si continuáramos la serie, llegaríamos a más de un millardo de millardos de antepasados en época de Antonio (1.000 años antes), más de un millardo de millardos de millardos bajo Salomón (1.000 años antes de la fecha anterior).

La verdad es que hubo muchos cruces porque se viajaba poco. Todos somos algo primos.

Nuestros huesos

El esqueleto humano está formado por 198 huesos:

Columna vertebral	4	Costillas y esternón	25
Sacro y cóccix	2	Brazo derecho	32
Cráneo	8	Brazo izquierdo	32
Cara	14	Pierna derecha	30
Hueso hioides	1	Pierna izquierda	30

El hueso hioides es un pequeño hueso impar, en forma de herradura, que se halla situado encima de la laringe, en la base y parte posterior de la lengua.

¿De qué estamos hechos?

Un individuo de 70 kg tiene 30 kg de músculos, 7 kg de huesos, 1 kg de pulmones, 5 litros de sangre y 27 kg de órganos varios, lo que desde el punto de vista químico se detalla así:

45,500 kg de oxígeno	100 g de cloro
12,600 kg de carbono	3 g de hierro
7 kg de hidrógeno	3,5 g de magnesio
2,200 kg de nitrógeno	2 g de zinc
1,050 kg de calcio	0,2 g de manganeso
770 g de fósforo	0,15 g de cobre

245 g de potasio	0,03 g de yodo
175 g de azufre	y trazas de flúor, cobalto,
105 g de sodio	níquel, plomo, silicio…

Resumiendo, un cuerpo humano de 70 kg son 55 litros de agua que se mantienen en pie gracias a la combinación de los demás elementos.

Geometría

Pitágoras, Fermat y Wiles

Problema 55: cabeza pensante

> ¿Cómo se puede pasar la cabeza a través de una tarjeta de visita?

Los antiguos agrimensores de la India y de Egipto sabían construir ángulos rectos. En Egipto formaban parte de una casta sacerdotal encargada de restablecer los límites de los campos que las crecidas del Nilo habían inundado. Para ello, usaban una cuerda con nudos que la dividían en partes iguales. Colocada sobre el suelo y tensada por estacas situadas en A, B y C, la cuerda formaba un ángulo recto:

Los egipcios usaban la relación 3 4 5. En la India se empleaba la relación 15 36 39. El resultado es el mismo. La hipotenusa egipcia tiene 5 divisiones y la india, 39 divisiones de cuerda. Estos agrimensores también sabían que la suma de los ángulos de un triángulo es de 180°. De esta construcción de un triángulo rectángulo surgió una relación conocida con el nombre de teorema de Pi-

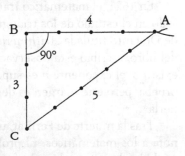

tágoras (proposición conocida varias centurias antes de Pitágoras, que vivió en el siglo VI a. C.):

«El cuadrado de la hipotenusa es igual a la suma de los cuadrados de los dos lados del ángulo recto».

La verificación es fácil:

$$3^2 + 4^2 = 5^2 \text{ o bien } 9 + 16 = 25$$

La relación $x^n + y^n = z^n$ sólo es cierta si $n = 2$. Si los elementos x, y, z se elevan al cubo, a la potencia 4, 5, etc., desaparece la igualdad.

Hacia el año 400, Diofanto, matemático griego de la escuela de Alejandría, demostró que existe un número infinito de números con propiedades análogas a 3 4 5, y enunció una regla para hallarlos; la igualdad válida para 3 4 5, lo es también para

5	12	13	9	40	41
7	24	25		...	
8	15	17	48	55	73...

y sus múltiplos (el 15, 36 y 39 de los indios es un múltiplo del 5, 12 y 13).

En 1621, el matemático francés Pierre de Fermat, interesado en el estudio de los triángulos rectángulos, leyó la obra de Diofanto titulada *Arithmetica* y, en uno de los márgenes del libro, escribió esta observación: «$x^n + y^n = z^n$ no puede existir si el exponente n es superior a 2. He descubierto una prueba, pero este margen es demasiado pequeño para contenerla».

Tras la muerte de Fermat, un lector del libro desveló esta nota a los matemáticos. El problema de la demostración ha recibido el nombre de «último teorema de Fermat» (ya que otros sí han podido ser demostrados). Durante tres siglos y medio, algunos de los más grandes matemáticos y varios amantes del tema han intentado hallar la solución. En primer lugar, Euler demostró la imposibilidad de soluciones en el caso de que n valga 3 o 4; Dirichlet en el supuesto de que $n = 5$. Les siguieron Lagrange, Gauss, Sophie Germain, Liouville; Cauchy y otros. Poco a poco se llegó a verificar la afirmación de Fermat para valores de n inferiores a 269. Algunos, desalentados, llegaron a afirmar que quizás todo era una fanfarronería de Fermat.

En el siglo XIX, la Academia de las Ciencias Francesa estableció un premio de 300.000 francos para quien descubriera la famosa demostración. Luego llegó la informática que permitió verificar por ordenador el teorema de Fermat hasta 150.000 como valor de n.

La Academia recibía anualmente más de 30 manuscritos de autores que pretendían haber descubierto el secreto. Todo fue en vano. Por otra parte, parece que los 300.000 francos ya no son adjudicables.

Finalmente, el 23 de junio de 1993, el británico Andrew Wiles, nacido en 1953 y profesor desde 1982 de la Universidad de Princeton (Estados Unidos), expuso ante un auditorio de matemáticos, en Cambridge, la resolución de lo que los especialistas llaman la «conjetura de Taniyama-Weil», proposición de largo alcance y que conlleva la de Fermat como corolario. Los que asistieron a esta exposición afirmaron haber vivido «un momento de felicidad absoluta». Algunos eruditos impugnaron las deducciones de Wiles, pero en octubre de 1994 un equipo de Princeton dirigido por Simon Kochen ratificó su demostración tras un informe de 200 páginas que le había supuesto un año entero de cálculos. Hacía 329 años que Fermat había muerto.

El teorema de Pitágoras, a simple vista

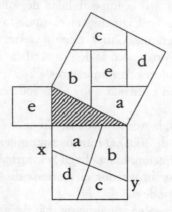

Para obtener este dibujo, trazar los tres cuadrados correspondientes a los tres lados del triángulo rectángulo central. Pasando por el centro del cuadrado inferior, trazar la línea x y, paralela a la hipotenusa, y su perpendicular. El cuadrado queda dividido en cuatro cuadriláteros iguales a, b, c, d. Trasladar estos cuadriláteros al cuadrado de la hipotenusa. En el centro de este cuadrado superior queda un pequeño cuadrado e que es el equivalente del cuadrado de la izquierda. El cuadrado de la hipotenusa contiene los otros dos cuadrados. Esta ilustración del teorema de Pitágoras fue descubierta por el británico Henry Perigal en el siglo XIX.

Problema 56: falta una medida

En el triángulo ABC, ¿cuánto mide la mediana AD?

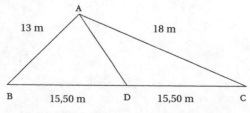

El número áureo

Santo Tomás de Aquino afir-
maba: «La armonía de las proporciones satisface los sentidos». Es cierto que algunos
rectángulos se contemplan con
más agrado que otros, C más
que A o B.

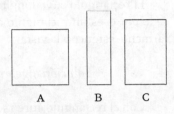

Santo Tomás añadía: «La mitad de la admiración sería el
comprenderlo». El secreto está en el *número áureo*. Con un
cuadro y un compás llegaremos a este **número áureo**, al que
Vitrubio llamaba la «divina proporción» y otros la «sección
dorada». No, no se trata de alquimia. La cosa es sencilla y el
resultado casi misterioso.

Partiendo de un cuadrado ABCD, dividirlo en dos mitades por la mediana EF. Con un compás y tomando F como
centro y FB como radio, trazar el arco que corta la prolonga-
ción de DC en G. Trazar las perpendiculares GH y BH

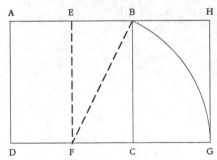

El punto C divide la recta DG en *media proporcional* (llamada a veces media y razón extrema), es decir que la dimensión grande (DC) es a la pequeña (CG) como la suma de las
dos (DG) es a la grande (DC):

$$\frac{DC}{CG} = \frac{DG}{DC} = \varphi$$

Es la regla de la armonía: el cociente φ (phi) es el número áureo.

El rectángulo cuya longitud es igual a la altura multiplicado por φ es un rectángulo armonioso que resulta particularmente estético a la vista.

Solución algebraica del cociente φ

Con el rectángulo áureo siguiente:

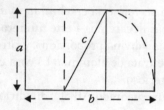

obtenemos (teorema de Pitágoras):

$$c^2 = a^2 + \left(\frac{a}{2}\right)^2 = \frac{4a^2}{4} + \frac{a^2}{4} = \frac{5a^2}{4}$$

$$b = \frac{a}{2} + c = \frac{a}{2} + \sqrt{\frac{5a^2}{4}}$$

$$= \frac{a + a\sqrt{5}}{2} = a\left(\frac{1 + \sqrt{5}}{2}\right)$$

$$\varphi = \frac{1 + \sqrt{5}}{2} = 1{,}6180335$$

Como $\sqrt{5}$, que vale 2,236067, es un número irracional, φ también lo es.

La sucesión de Fibonacci (ver página 111) nos proporciona otro sistema para calcular φ, que se obtiene dividiendo un número de la serie por el que lo precede.

Los resultados que nos proporcionan los primeros números son sólo aproximados. Se van afinando y son válidos a partir del número 16º (610 : 377v 1,618037).

Los egipcios habían utilizado esta proporción con valor 1,614. Aparece en la pirámide de Kéops (el apotema de la mitad de un lado vale 1,614) y en el templo de Luxor, entre otros. Los griegos, que lo aplicaron en el Partenón, atribuían el descubrimiento del número áureo a Pitágoras. En 1225 Fibonacci enunció el valor de la razón áurea: **1,618**, y esta es el valor comúnmente aceptado. El pórtico real de la catedral de Chartres, en Francia, es un hermoso ejemplo de su aplicación. La razón áurea es a menudo la clave del equilibrio de un cuadro o de un edificio. Lo usaron pintores del Renacimiento como Tiziano y Miguel Ángel. En Egipto, la razón áurea formaba parte de los conocimientos secretos de los sacerdotes. Fue Euclides quien descubrió su demostración geométrica tal como aparece más arriba. En la Edad Media, cofradías, gremios, asociaciones y la francmasonería se transmitían esta noción para la construcción de catedrales. Si bien muchos arquitectos, entre ellos Le Corbusier, utilizaron deliberadamente las propiedades del número áureo, numerosos han sido los artistas que las han aplicado sin realizar cálculo alguno, por puro instinto estético. Nuestra mano nos proporciona una fiel ilustración de las proporciones del número áureo:

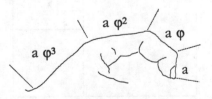

y la longitud del antebrazo es igual a la de la mano × φ.

La talla de un cuerpo humano de proporciones armoniosas viene dada por la distancia entre el ombligo y el suelo multiplicada por 1,618. Y φ también aparece en las medidas del huevo y del pentágono regular:

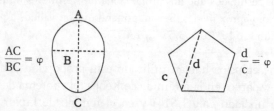

Algunos estudiosos han identificado el número áureo en el esqueleto humano, en la misma sangre, y han afirmado que nuestro cuerpo fue construido según dicho número. Platón llegó aún más lejos al afirmar que el pensamiento humano, al calcular el número áureo, había alcanzado uno de los cánones utilizados por Dios para estructurar el Universo. Al contemplar una obra bien hecha, bien ordenada, parece que el espíritu, satisfecho, reconoce su esencia.

Después de estas reflexiones metafísicas, volvamos a los cálculos.

Si, partiendo de un rectángulo áureo AHGD como el que aparece más abajo, construimos el cuadrado ABCD, nos queda un rectángulo BHGC que es también un rectángulo áureo parecido al primero. Si seguimos igual, obtendríamos una infinidad de rectángulos áureos de las mismas proporciones.

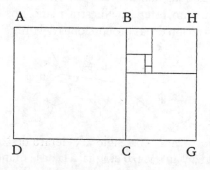

Y a la inversa, si añadimos un cuadrado al lado mayor de un rectángulo áureo, obtenemos otro gran rectángulo áureo y así sucesivamente hasta el infinito.

Si unimos los centros de los cuadrados de esta construcción, obtenemos el dibujo de la espiral que la naturaleza ha dado a algunas conchas de moluscos:

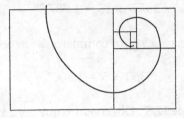

Los girasoles tienen las semillas ordenadas según estas espirales logarítmicas.

El ángulo áureo

La observación del crecimiento de hojas, pétalos y escamas de algunas plantas en espiral nos lleva al número áureo y a la sucesión de Fibonacci.

La yema que brota de una planta busca su espacio, se orienta hacia la luz. A medida que van apareciendo, las hojas van divergiendo.

Muchas plantas en forma de espiral (piña de pino y de ananás, centaura, malva real, saponaria, yuca, etc.) presentan alineaciones en hélice que se ordenan según el **ángulo áureo**, cuyo valor es:

$$\frac{360°}{1 + \varphi} = 137,5°$$

De esta forma, ningún nuevo órgano ocupa el lugar al sol de un órgano ya existente.

El escritor francés del siglo XIX Gérard de Nerval lo dejó reflejado en su poema *Artémis:*

La decimotercera regresa... Sigue siendo la primera;
La rosa que sostiene, es la rosa real.

Casi es verdad. Al 13° desvío (aparición de la 14ª rosa), el ángulo recorrido es de:

$$137,5° \times 13 = 1.787,5°$$

Ya que, para 5 giros completos, se necesitaría:

$$360° \times 5 = 1.800°$$

El error es de 12,5°. Observemos que 5 y 13 son números de la sucesión de Fibonacci (ver página 111). Si de esta serie tomamos:

8 y 21, el error es de tan sólo 7,5°;
13 y 34, es de 5°;
21 y 55, o bien 34 y 89, es de 2,5°.

Finalmente, con 55 y 144, no existe error alguno. Así pues, sólo después de 55 giros alrededor del tallo, la rosa n° 145 alcanza la verticalidad de la primera. Lo que revela el común múltiplo:

$$19.800, \text{ que es igual a } 360° \times 55 \text{ y } 13,5° \times 144$$

Como no existe en el mundo ninguna planta en forma de espiral que alcance el órgano n° 145, podemos concluir que en ninguna de ellas encontraremos jamás dos superpuestos.

Problema 57: jardinería y cuadratura

Un jardinero traza un círculo en el que inscribe un rectángulo ABCD. Seguidamente dibuja los ejes medianos EF y GH. Partiendo de estos dos últimos puntos, traza el rombo EHFG y quisiera saber la longitud de cada lado de este rombo.

¿Podéis ayudarle si sabéis que PH = 5 m y HR 5 2 m?

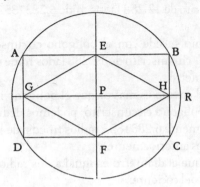

El famoso número π

Parece que fue el británico W. Jones, en su obra *An Introduction to the Mathematics*, publicada en 1706, el primero en emplear la letra π para designar la relación entre cualquier circunferencia y su diámetro.

π (pi) es la inicial de las palabras griegas *Perimetros* y *Periphe-reia* (circunferencia). El cálculo de π es fácil: sólo requiere algunas nociones sencillas de geometría y bastante paciencia. He aquí el principio.

Si se inscribe un polígono regular (en la ilustración, un octágono) en un círculo, podemos hallar el valor del lado *c* de

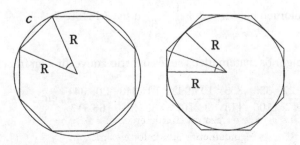

ANDRÉ JOUETTE

dicho polígono, y luego su perímetro, tomando como unidad
la medida del radio del círculo. Cuantos más lados tenga el
polígono, más se redondeará. Así, tenemos que el polígono
regular inscrito de 12.288 lados mide 6,2831852 radios de perímetro.

Lo mismo sucede con el polígono circunscrito. El polígono regular circunscrito de 12.288 lados mide 6,2831854 radios de perímetro.

Como el círculo es mayor que el polígono inscrito y menor que el polígono circunscrito, podemos deducir que mide
aproximadamente 6,2831853 radios (media de los dos números obtenidos anteriormente).

Puesto que el diámetro es igual a dos radios, obtenemos
el valor de π del cociente:

$$\frac{6,2831853}{2} = 3,1415926,$$

es decir π con una aproximación de casi una diezmillonésima.

Los matemáticos, seres de imaginación muy fértil, habían intentado hallar el valor de π de muy distintas formas.
Según la Biblia, π = 3. Los egipcios calcularon primero:

$\pi = \left(\dfrac{4}{3}\right)^4$ o sea 3,160, y posteriormente con $\pi = 2\sqrt{2\sqrt{5-2}}$, o

sea 3,1446.

Arquímedes utilizaba $\pi = \dfrac{22}{7}$ o sea 3,1428.

Ptolomeo halló $\pi = 3 + \dfrac{1}{8} + \dfrac{1}{60}$ o sea 3,14166.

A algunos matemáticos se les ocurrió convertir π en fracción:

$\dfrac{3}{1}, \dfrac{27}{7}, \dfrac{333}{106}, \dfrac{355}{113}, \dfrac{103.993}{33.102}, \dfrac{104.348}{33.215}, \dfrac{208.341}{66.317}$, etc.

Estos valores son alternativamente demasiado pequeños y demasiado grandes. La primera fracción da 3; la segunda 3,142; la tercera (debida a Rivard) 3,14150; la cuarta (hallada por Metius) 3,141593, etc.

Existen otras operaciones para obtener π sin que intervenga la circunferencia:

$$\pi = 4 \times \left(1 - \frac{1}{3} + \frac{1}{5} - \frac{1}{7} + \frac{1}{9} - \frac{1}{11} + ... \right) \text{ según Leibniz.}$$

$$\pi = 2 \times \left(\frac{2 \times 2 \times 4 \times 4 \times 6 \times 6 \times 8 \times 8}{1 \times 3 \times 3 \times 5 \times 5 \times 7 \times 7 \times 9} ... \right) \text{ según Wallis.}$$

La lista de eruditos occidentales que investigaron para hallar el valor de π es impresionantemente larga. Se sabe que un chino, 500 años a. C., había descubierto que el valor de π se situaba entre 3,1415926 y 3,1415927, gracias al sistema del polígono.

***

Uno de los sistemas más ingeniosos para calcular el valor de π fue el inventado por el naturalista francés Buffon: coger un objeto recto (por ejemplo, una aguja de 4 cm); sobre un plano horizontal, trazar paralelas distantes entre sí 2 veces la longitud del objeto (en nuestro ejemplo, separadas 8 cm). Dejar caer o tirar, al azar, la aguja sobre las paralelas. Anotar, por un lado, el número de caídas de la aguja y, por otro, el número de veces que la aguja corta una línea.

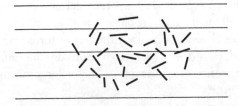

De las 28 veces que se ha lanzado la aguja, 9 cortan una línea.

Dividir el primer número por el segundo. Se obtiene un valor de π bastante aproximado, siempre que el número de veces que se lanza la aguja sea suficientemente grande. Un aficionado al bricolage llegó incluso a construir una máquina de lanzar agujas.

***

Las etapas que han conducido a precisar el número π se deben a:

Van Ceule, que halló	35	decimales	
Sharp,	—	72	—
Lagny,	—	127	—
Vega,	—	139	—
Rutherford,	—	208	— (en 1841)
W. Shanks,	—	707	— (en 1873)

El británico William Shanks dedicó 20 años a estos cálculos; el número hallado está grabado en el palacio de la Découverte de París y da varias vueltas a una sala circular. D. F. Ferguson se dio cuenta de que los decimales estaban equivocados a partir del 528. Fueron corregidos en 1947.

La multiplicidad de investigaciones y de fórmulas ideadas para fijar el número π se explica por el hecho de que los matemáticos de otros tiempos tenían la esperanza de que la serie de decimales de π ofreciera una periodicidad, un cierto orden de cifras que se repitiera, pero no existe periodicidad, como demostró Lindemann en 1882.

La sucesión de decimales ha desconcertado a todos aquellos que esperaban hallar algún tipo de regularidad. Así, después de la cifra n° 710.154, aparece siete veces seguidas la cifra 3, resultado de lo improbable.

π no es el cociente de dos números enteros: es un número *irracional*; y π no es la raíz (o solución) de una ecuación algebraica de coeficientes enteros: es lo que llamamos un número *trascendente*.

El empleo de ordenadores, que ha sustituido el laborioso cálculo sobre papel, ha permitido aumentar la precisión de tan famoso número. Con la calculadora electrónica han sido obtenido sucesivamente:

2.036	decimales en los Aberdeen Proving Grounds		en 1949
3.093	—	en el Watson Scientific Laboratory	en 1954
10.000	—	por Genuys, en Felton,	en 1959
100.000	—	por D. Shanks y Wrench,	en 1961
250.000	—	por Gilloud y Filliatre,	en 1966
500.000	—	por Gilloud y Dichampt,	en 1967
1.000.000	—	por Gilloud y Bouyer	en 1974
8.388.608	—		en 1983
6.442.450.938	—	por Yasumasa Kanada	en 1995

Este último trabajó con el ordenador Hitachi S – 3800/480 e invirtió 116 h para los cálculos y 131 horas para las verificaciones (confidencia: el decimal n° 10.000.001 es un 3). Todo ello por pura vanidad de alcanzar un récord, ya que no tiene utilidad alguna: los científicos sólo han necesitado 12 decimales para sus cálculos más precisos.

El número π hasta el decimal n° 1.000

```
3, 14159  26535  89793  23846  26433  83279  50288  41971  69399  37510
   58209  74944  59230  78164  06286  20899  86280  34825  34211  70679
   82148  08651  32823  06647  09384  46095  50582  23172  53594  08128
   48111  74502  84102  70193  85211  05559  64462  29489  54930  38196
   44288  10975  66593  34461  28475  64823  37867  83165  27120  19091
   45648  56692  34603  48610  45432  66482  13393  60726  02491  41273
   72458  70066  06315  58817  48815  20920  96282  92540  91715  36436
   78925  90360  01133  05305  48820  46652  13841  46951  94151  16094
   33057  27036  57595  91953  09218  61173  81932  61179  31051  18548
   07446  23799  62749  56735  18857  52724  89122  79381  83011  94912
   98336  73362  44065  66430  86021  39494  63952  24737  19070  21798
   60943  70277  05392  17176  29317  67523  84674  81846  76694  05132
   00056  81271  45263  56082  77857  71342  75778  96091  73637  17872
   14684  40901  22495  34301  46549  58537  10507  92279  68925  89235
   42019  95611  21290  21960  86403  44181  59813  62977  47713  09960
   51870  72113  49999  99837  29780  49951  05973  17328  16096  31859
   50244  59455  34690  83026  42522  30825  33446  85035  26193  11881
   71010  00313  78387  52886  58753  32083  81420  61717  76691  47303
   59825  34904  28755  46873  11595  62863  88235  37875  93751  95778
   18577  80532  17122  68066  13001  92787  66111  95909  21642  01989
```

Cuando hay que dividir un número por π (por ejemplo para el cálculo del diámetro partiendo de la circunferencia), resulta más fácil multiplicar por la inversa de π, es decir:

$$\frac{1}{\pi} = 0,31830988618379\ldots$$

Problema 58: ¡buen provecho!

Sobre esta pizza se han colocado 7 aceitunas y hay que repartirla entre siete comensales (con más o menos hambre).

¿Cómo cortarías siete partes con una aceituna en cada una ellas y haciendo sólo tres cortes con el cuchillo?

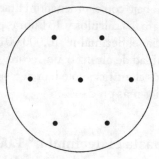

La pirámide de Kéops

La gran pirámide de Egipto, a pesar de que se ha ido degradando, conserva todo su esplendor.

Altura: 137,30 m (originalmente 146 m).
Lado de la base: 227,30 m (originalmente 232,80 m).
Apotema: 186 m (187,87 m originalmente).
Volumen: 2.352.000 m³ (2.521.000 m³ originalmente).
Peso: 7 millones de toneladas.
Ángulo de inclinación: 51° 52'.
En la cima: plataforma cuadrada de unos 10 m de lado (2,76 m de lado en tiempos de Diodoro).

Varios investigadores han estudiado las medidas de esta construcción. La atracción que sienten algunos por lo misterioso ha hecho lo demás. Al parecer, la pirámide encerraría revelaciones científicas y proporcionaría luces sobre el futuro. Los datos que aparecen a continuación permiten sacar conclusiones:

- El lado de la base (232,80 m originalmente) dividido por los días del año (365) y multiplicado por 10^6 da el radio de la Tierra (6.378 km). Bastante aproximado en el ecuador.

- Los ángulos de la pirámide están orientados hacia los puntos cardinales, con una desviación de 4' 35'' (que algunos han querido explicar por la deriva de los continentes a lo largo de 45 siglos).

- La altura correspondería a $1/10^9$ de la distancia de la Tierra al Sol. Es cierto sólo si admitimos un error en esta distancia de 3.597.000 km aproximadamente.

- El meridiano que pasa por el centro de la pirámide sería el que atraviesa el mayor número de tierras emergidas. Este meridiano es en realidad el 25° E, que sirve de frontera entre Egipto y Libia, a 600 km de las pirámides.

- El paralelo que pasa por su centro sería también el que cruza más tierras. Así pues, a la hora de efectuar sus cálculos lo egipcios que vivieron unos 26 siglos a. C. habrían tenido en cuenta que la Tierra es redonda y que Florida y México estaban situados en el paralelo de las pirámides.

- El semiperímetro de la base dividido por la altura de la pirámide da el valor de π. Lo comprobamos:

$$\frac{232,8 \times 2}{146} = 3,189$$

No resulta en absoluto convincente.

- Si dividimos el céntuplo de la apotema por la mitad de la superficie de un lado de la pirámide, obtenemos el número áureo. Calculémoslo:

Superficie de un lado de la pirámide

$$\frac{232,8 \times 186}{2} = 21.650,40 \text{ m}^2$$

Semisuperficie $= 10.825,20 \text{ m}^2$.

Relación $= \dfrac{186 \times 100}{10.825, 2} = 1,718$

Este número es bastante más alto, ya que el número áureo vale 1,618.

Para otros, φ se obtendría dividiendo la apotema por la mitad del lado de la base (187,8696 : 116,4 = 1,1614). Es algo inferior.

La gran pirámide es magnífica. Ha desafiado el paso de los siglos. Su solidez ha permitido que sea la única de las siete maravillas del mundo antiguo que ha llegado hasta nuestros días. Debe su solidez esencialmente a la pendiente (51° 52°) de la construcción. Los egipcios habían experimentado algunos fracasos importantes.

Algunas pirámides se habían hundido, como la de Maidum, otras tuvieron que ser corregidas, como la pirámide romboidal de Dahshur, que empieza con una pendiente de 54° y termina con una de 43°30′.

No sigamos especulando sobre las dimensiones de esta construcción faraónica para sacar misteriosas conexiones con la física o la astronomía. Sucedería lo mismo si lo hiciéramos con edificios de nuestros días. La anchura del Arco de Triunfo de París (44,82 m) multiplicada por 10^{14} es igual a la distancia que separa Neptuno del Sol.

El diámetro de Saturno es igual a la altura original de la Torre Eiffel, multiplicada por $2 \cdot 10^5$. Si dividimos el año de inauguración de la Torre Eiffel (1889) por el doble de su altura original (601) obtenemos π.

Algunos han pretendido que hablaran las piedras. Éstas nos contarían la historia de la humanidad desde la edificación de la pirámide. Los materiales nos cuentan lo que se les sugiere. La pirámide de Kéops tiene un punto en común con las *Centurias* de Nostradamus: sólo entendemos aquellas profecías que hacen referencia a acontecimientos del pasado.

La profecía más conocida de la pirámide, divulgada en 1937, se basa en la observación de unas piedras en relieve existentes en el pasillo interior ascendente. Estas asperezas revelan que el hombre apareció sobre la Tierra en −3514, que Cristo murió en el año 30 y que las fechas contemporáneas más importantes son 1912 (Primera Guerra Balcánica que acabó con el Islam de Europa) y 1914-1918 (Primera Guerra Mundial).

A partir de esa fecha la humanidad entra en un periodo de prosperidad que se prolonga hasta el 20 de agosto de 1953, en que se producirán avances asombrosos (?). La humanidad rechazará el maquinismo, y esto hasta el año 2001. Luego, la nada. Los constructores de la pirámide no presintieron que en junio de 1942 el ejército alemán de Rommel ocuparía El-Alamein, a 200 km de la pirámide.

No nos dejemos engañar por los cálculos en torno a la pirámide de Kéops. Es probable que pudiéramos sacar conclusiones parecidas sobre un objeto cualquiera, por ejemplo sobre la silla en que estamos sentados.

Si utilizamos la distancia al suelo, el diámetro del listón, la inclinación del respaldo, su altura, la separación de las patas, etc., obtendríamos sin lugar a dudas relaciones susceptibles de darnos como resultado π o φ, el diámetro de la Luna o la edad de su propietario.

Problema 59: prohibido el paso

Para cortar el paso de un pasillo se colocan dos estacas cruzadas (AB y CD) apoyadas al pie de las paredes. Una de las estacas alcanza 2 m de altura, la otra 3 m sobre la pared opuesta. Las estacas se cruzan a 1,20 m del suelo. ¿Cuánto mide de ancho el pasillo?

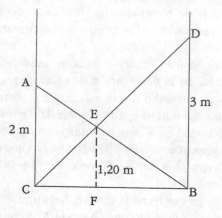

¡Pista!

Para quien no lo sepa, es fácil hallar el diámetro de la pista de un circo: basta con alinear 600 monedas de 100 um. O, si no las tenemos, poner una junto a otra 159 cartulinas del tamaño de una tarjeta de visita o de crédito. En efecto:

$$2,25 \text{ cm} \times 600 = 1.350 \text{ cm}$$
$$3 \text{ cm} \times 450 = 1.350 \text{ cm}$$

es decir, unos 13 metros y medio.

Vibraciones

El hercio (Hz) es la unidad de medida de la frecuencia por segundo. El oído humano percibe las vibraciones a partir 16 Hz hasta vibraciones de 20.000 Hz.

Frecuencias inferiores son infrasonidos (menos de 16 Hz: la nota más baja de algunos grandes órganos). Frecuencias superiores son ultrasonidos (más de 20.000 Hz).

La nota más grave de la voz humana alcanza 64 Hz. El la_3 del acorde musical vibra a 440 Hz (ver página 168). La nota aguda de un flautín vibra a 4.700 Hz.

El espacio de sonidos audibles abarca una decena de octavas. Las teclas del piano cubren 7 octavas (de 27 a 3.480 Hz). La voz humana puede abarcar algo más de 4 octavas. La cantante alemana Marita Günther podía cantar todas las notas del piano.

Los niños asmáticos perciben los sonidos de 30.000 Hz. Los gatos captan vibraciones de 40.000 Hz; los perros de 80.000 Hz y los murciélagos 120.000 Hz.

La multiplicación llamada «babilónica»

Con este procedimiento se obtiene el producto de dos números restando el cuadrado de la mitad de la diferencia de los dos números del cuadrado de la mitad de la suma de los dos números:

$$a \times b = \left(\frac{a+b}{2}\right)^2 - \left(\frac{a-b}{2}\right)^2$$

$$43 \times 28 = \left(\frac{43+28}{2}\right)^2 - \left(\frac{43-28}{2}\right)^2 =$$

$$35,5^2 - 7,5^2 = 1.260,25 - 56,25 = 1.204$$

Los mesopotámicos no usaban las tablas de multiplicar que conocemos, sino listas de cuadrados de los números (4, 9, 16, 25, 36...). El resultado es exacto, pero en la actualidad este método sólo puede interesar a las mentes alambicadas.

Entretenimientos

Líneas continuas

Todos estamos familiarizados con el trazado continuo de un sobre abierto:

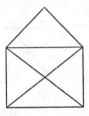

A continuación, intentemos trazar este segundo dibujo sin levantar el lápiz y sin repetir la misma línea. No se puede.

El primero es posible, el segundo no lo es.

A menudo ha surgido la pregunta sobre cuáles de estas figuras (sin extremo libre) se podían dibujar con líneas continuas y cuáles no. Algunos han pensado que se trataba de simples pasatiempos de colegiales. Es cierto, pero a los matemáticos les encanta lo que se ha convenido en llamar diversiones. ¿Quién halló la solución a nuestro pequeño problema?

Fue el general y matemático francés Poncelet, héroe de la campaña napoleónica de Rusia y director de la Escuela Politécnica. Posteriormente se advirtió que Euler ya había formulado la misma ley pero con un enunciado distinto. Poncelet demostró *que sólo eran posibles las figuras que presentan 0 o 2 intersecciones de líneas en número impar.*

Así, se pueden trazar las figuras de la serie que aparece más abajo: en las figuras A, B, C hay 2 intersecciones de 3 líneas (indicadas con flechas); en las figuras D, E, F, G, H no existen. La figura I tiene una intersección de 3 líneas y una de 5 líneas.

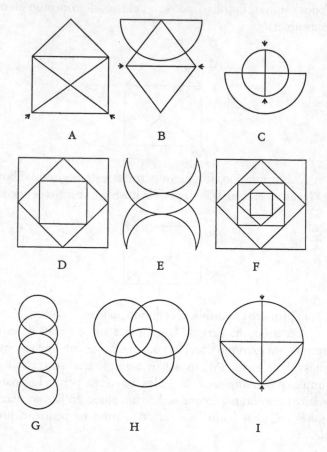

Ninguna de las figuras de la siguiente serie (a pesar de su aparente simplicidad) puede dibujarse con un trazo continuo y sin superposiciones: tienen más de dos intersecciones de 3 o 5 líneas.

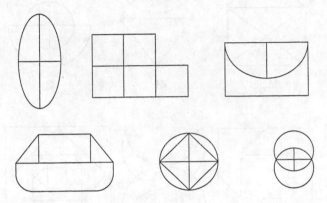

A los arqueólogos de unas excavaciones realizadas en Grecia les sorprendió el hallazgo de un símbolo (más abajo) grabado en varios lugares. A pesar de numerosas y eruditas discusiones no se le halló explicación alguna, pero cabe señalar que este dibujo puede trazarse con una línea continua. (Se compone de un camino que hace una sola curva y 14 líneas rectas, es decir, 14 cambios de dirección).

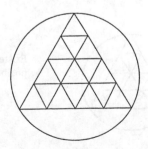

Trazado de las figuras propuestas:

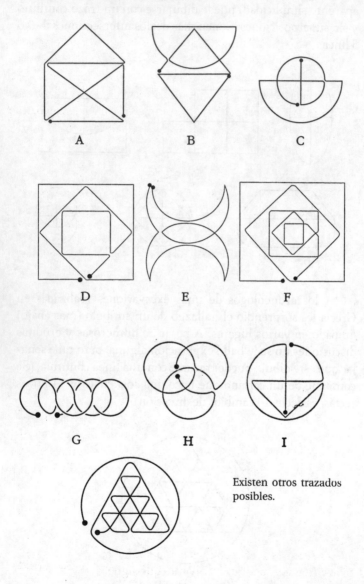

Existen otros trazados posibles.

Problema 60: arabesco

Como colofón a lo anterior, presentamos a continuación un arabesco (los artistas árabes son especialmente habilidosos en este tipo de lazos decorativos) que hay que trazar sin levantar el lápiz y sin repetir una misma línea.

Se puede hacer porque en ninguna intersección interviene un número impar de líneas. Se recomienda dibujar el arabesco sobre un papel de calcar colocado sobre la figura.

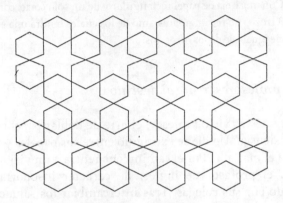

Tijeretazo

Un viejo profesor de matemáticas jubilado se entretenía recortando figuras geométricas en hojas de papel. Cuando sus amigos iban a visitarle, solía proponerles problemas de esta índole: «¿Podríais recortar esta hoja de papel en 3 trozos de un solo tijeretazo en línea recta?».

Ante el desconcierto de sus interlocutores, cogió la hoja, la dobló en dos y la cortó por AB. Aparecieron los 3 trozos.

El truco está en el pliegue previo al corte. Si lo entendéis, podréis resolver lo que sigue.

Problema 61: sin cálculos

De un solo tijeretazo, cortar una hoja rectangular en dos partes de distintas formas y de superficies iguales. Prohibido hacer cálculos.

Problema 62: otro corte

Con una hoja de papel rectangular y de un solo corte, conseguir 3 trozos no rectangulares, uno de los cuales tendrá una superficie igual a la de los otros dos.

Los profesores frente al destino

Para nuestro viejo profesor, el arte de doblar papel resultó providencial. Un día se extinguió entre sus papeles y partió hacia el más allá. Por el camino encuentra a un viejo conocido, el profesor de inglés, de carácter insoportable y odiado por sus colegas. Tras intercambiar los saludos impuestos por la buena educación, prosiguen juntos el camino hasta llegar frente al gran pórtico de la eternidad. No hay nadie. Continúan andando y de pronto se hallan ante San Pedro.

El famoso guardián del cielo les dice:

— Enseñadme vuestros billetes de destino.

Los dos profesores se miran. Ignoran a qué se refiere san Pedro. Éste confirma:

— ¿No os han entregado nada los ángeles guardianes del gran pórtico?

— No, San Pedro. Allí no había nadie.

— ¡Vaya con estos muchachos! Sólo piensan en jugar.

— ¿Quieres que regresemos allí?

— ¡No! Estáis en un mundo del que no se puede volver atrás. Necesito un papel para decidir la suerte de cada uno de vosotros. Coged este papel y estas tijeras. Que uno de vosotros lo corte de un tijeretazo y así tendré el dato determinante.

— ¿Quieres cortarlo tú? —pregunta el profesor de matemáticas a su colega.

— ¡Oh, no!, es demasiado arriesgado.

— Bueno, ya lo haré yo. San Pedro, ¿puedo primero doblar el papel?

— Sí, contesta el santo. Pero no más de cuatro veces.

El profesor dobla la hoja de papel, a la izquierda, a la derecha, a la izquierda, a la derecha:

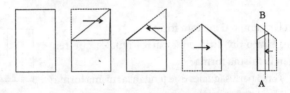

Luego le da un solo corte de tijeras siguiendo la línea AB (a unos 2/3 1/3 de la anchura). Sosteniendo la punta superior entre el índice y el pulgar, deja caer los trozos sobrantes, ocho en total, delante del profesor de inglés. San Pedro los recoge, los desdobla y los junta para formar esta palabra:

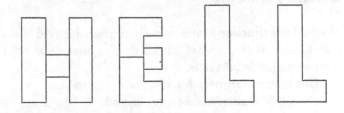

(HELL significa «infierno» en inglés.)

— He aquí tu destino —dice san Pedro.

Luego se dirige al profesor de matemáticas:

— Primero devuélveme las tijeras. ¿Qué dice tu papel?

— ¡Oh! Estoy muy tranquilo. Desdóblalo.

Y esto es lo que apareció ante san Pedro:

Problema 63: regreso a la tierra

a) Un campo tiene esta forma:

¿Cómo dividirlo en 2 partes iguales que tengan la misma forma?

¿En 3 partes iguales que tengan la misma forma?

¿En 4 partes iguales que tengan la misma forma?

b) Otro campo tiene esta forma:

¿Cómo dividirlo en 5 partes iguales que tengan la misma forma?

Diestro y siniestro

El sentido **dextrórsum** (antes llamado retrógrado) es el movimiento circular que sigue el sentido de las agujas de un reloj, o sea de izquierda a derecha.

Una tuerca se enrosca *dextrórsum*.

El sentido **sinistrórsum** (antes llamado directo) es el sentido contrario a las agujas del reloj, o sea de derecha a izquierda.

Una tuerca se desenrosca en sentido *sinistrórsum*.

La circulación alrededor de una rotonda es *sinistrórsum*.

Muchas conchas de moluscos, como la del caracol, vistas desde el centro, presentan su dibujo a dextrórsum. Son más raras las que lo hacen a sinistrórsum.

El fenómeno de Coriolis

Como la Tierra gira sobre sí misma, la fuerza centrífuga se opone a la gravedad. Debido a la rotación terrestre, 100 kg situados sobre el ecuador disminuyen 5 kg. Si la Tierra girara 19 veces más deprisa, los objetos carecerían de peso.

Existe otra fuerza, la *fuerza centrífuga complementaria*, descubierta por el matemático francés Coriolis en 1835. Esta fuerza se ejerce sobre los fluidos en movimiento imprimiéndoles una rotación. La fuerza de Coriolis, que no existe en el ecuador, va en aumento a medida que nos alejamos de éste.

Debido a esta fuerza de Coriolis, los líquidos giran de izquierda a derecha en el hemisferio Sur y de derecha a izquierda en el hemisferio Norte. El agua que sale del sumidero de una tina en Argentina presenta un movimiento en espiral que sigue el movimiento de las agujas del reloj (sentido *dextrórsum*); pero en España el agua se vacía en sentido contrario (sentido *sinistrórsum*). En las imágenes de información meteorológica de la televisión también podemos ver el efecto Coriolis. Un ciclón no gira en el mismo sentido en Nueva Caledonia (hemisferio Sur) que en Japón (hemisferio Norte).

Problema 64: juego de dados

Completar el dibujo del último dado.

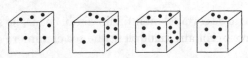

La matemagia

A continuación presentamos varios juegos con cartas que no requieren ni manipulaciones ni prestidigitaciones. El conductor del juego, el matemágico, conoce muy bien el resultado al que llegará, por así decirlo, matemáticamente, mecánicamente.

En los siguientes juegos, se designa:

M   : al conductor del juego (o mago);
B   : al espectador participante;
Carta boca arriba : la que tiene la cara visible;
Carta boca abajo : la que no tiene la cara visible

I. Parejas reales

M ha preparado dos montones de cartas: uno con los 4 reyes colocados en cierto orden (por ejemplo: picas, diamantes, tréboles, corazones) y el otro con las 4 damas en el mismo orden.

Con las cartas boca abajo, M coloca un montón encima del otro, indicando que sólo hay reyes y damas. Le pide a un espectador que corte el montón de 8 cartas una vez, dos veces, tantas veces como quiera.

M coge el montón, lo coloca boca abajo sobre la palma de una mano y anuncia a los demás que va a reunir a los esposos. Con la mano libre toma una carta del montón y luego otra. Las coloca boca arriba sobre la mesa y aparecen el rey y la dama del mismo color. Repite el mismo movimiento dos, tres veces, y siempre descubre un rey y una dama del mismo color.

Explicación: las 8 cartas están colocadas de forma cíclica.

El hecho de cortar el montón no cambia nada; no se altera el orden de los colores, cualquiera que sea el número de veces que se corte.

Al poner las cartas boca abajo, M divide el paquete en dos mitades: con la mano libre cogerá una carta de una de las mitades y la colocará sobre la mesa, luego cogerá otra carta de la otra mitad y la colocará sobre la mesa: son cartas del mismo color. Y así sucesivamente.

II. Latín macarrónico

Para hacer este juego hay que aprenderse de memoria 4 palabras:

MUTUS
NOMEN
DEDIT
COCIS

En este conjunto de palabras, se utiliza dos veces cada letra (dos veces M, 2 veces U, 2 veces T...).

Tras barajar las cartas, M coloca sobre la mesa y boca arriba 10 grupos de 2 cartas.

M pide a los participantes que cada uno de ellos retenga en la memoria un par de cartas sin decir nada a los demás.

M recoge los 2 montones de 10 sin desmontarlos y los coloca siguiendo un orden cualquiera. Coloca las 20 cartas boca arriba sobre la mesa mientras recuerda las cuatro palabras de arriba. Las cartas sustituyen en su mente las cuatro palabras:

M	U	T	U	S
N	O	M	E	N
D	E	D	I	T
C	O	C	I	S

1a	2a	3a	2b	
		1b		
				3b
etc.				

Una vez colocadas todas las cartas, M pregunta a cada participante en qué hilera(s) se encuentra las dos cartas que guarda en la memoria.

Si es en la primera hilera, sólo pueden ser las cartas correspondientes a U. Si se trata de la primera y la cuarta, se trata de las cartas S. Y así sucesivamente.

Este juego agrada a los niños y ejercita su memoria visual.

III. Tres veces siete, tres veces

Con los naipes barajados, M coloca boca arriba una carta en la fila *a*, una en la *b* y otra en la *c*, y va distribuyendo las cartas una a una siguiendo siempre el orden *a*, *b*, *c*, pidiendo a B que retenga en su memoria una de las cartas. M deja de distribuir cartas cuando hay 7 en cada hilera

Una vez colocadas estas 21 cartas, se dejan de lado las restantes que no intervienen en el juego.

M le pide a B que indique en qué hilera se encuentra la carta que guarda en la memoria. M coloca este montón entre los otros dos y los recoge en un solo bloque.

Se vuelve a iniciar la operación: M rehace las tres hileras de 7 cartas una a una, siempre boca arriba, y le pide a B que indique en cuál se encuentra su carta. M recoge nuevamente los 3 montones, colocando el indicado por B entre los otros dos. Finalmente, M repite toda la operación por tercera vez. Después de colocar el montón señalado entre los otros dos, M sabe que la carta se encuentra situada en medio del juego (entre 10 cartas delante y 10 cartas detrás). Sólo falta descubrirla.

a) Poniendo las cartas sobre la mesa una a una y contándolas mentalmente, de forma que al llegar a la 11ª descubre: «¡Es ésta!».

b) Haciendo de forma que la carta 11ª pase a situarse encima del montón barajando las cartas, o colocándola la última.

Luego lanzar el paquete de cartas sobre la mesa de un golpe seco habiendo separado la carta de las demás un centímetro. La carta buscada parece así diferenciarse de las demás y al girarla descubrimos que «¡Es ésta!».

IV. *Telepatía*

M debe adivinar el pensamiento de cada una de las personas que juegan con él. Supongamos que se trata de 4 jugadores.

Uno de los participantes baraja las cartas; M las coge, boca abajo. Delante de cada participante coloca 5 cartas boca arriba, pidiendo a cada uno que recuerde una carta de su montón. Seguidamente recoge en orden los montones de cartas y, sosteniéndolas con una mano, coloca 5 cartas una junto a otra y sigue colocándolas una a una formando columnas.

Una vez situadas las 20 cartas a la vista de todos, pide a un espectador que diga en qué columna se encuentra su carta. M anuncia la carta: «Es el...». Luego hace lo mismo con las otras tres personas sin seguir un orden concreto, y en cada ocasión revela la carta pensada por cada uno de ellos.

Clave de este juego: al recoger las 4 pilas de cartas, M empieza por la 1ª boca arriba, coloca encima la 2ª, luego la 3ª y finalmente la 4ª.

Al girar el montón de las 20 cartas para ponerlas boca abajo, dispone la primera hilera con las cartas del 1er montón, boca arriba. (Esta hilera contiene la carta pensada por el 1er participante.) M coloca debajo, en una 2ª hilera, las cartas del 2º montón (que contiene la carta pensada por el 2º jugador), luego repite la operación con el 3er y 4º montón.

Disposición de las cartas

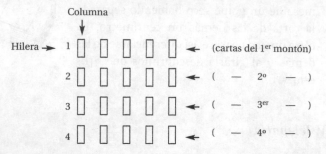

Hay tantas hileras como participantes en el juego (de 3 a 10).

La carta pensada en el 1er jugador es la 1ª carta de la columna indicada; la carta pensada por en 2º jugador es la segunda carta de la columna indicada; la carta pensada por el 3er jugador es la tercera carta de la columna indicada y la carta pensada por el 4º jugador es la 4ª carta de la columna indicada.

La operación más delicada de este juego es la recogida de los cuatro montones de cartas.

Para que el juego resulte más misterioso, M puede iniciar el juego con las cartas boca abajo: cada jugador levantará a escondidas una de ellas que será la que deberá recordar.

V. El profeta

> Valor de las cartas:
>
> R, D, V y 10 valen 10.
> Las otras tienen el valor marcado.
> El as vale 1.

Desarrollo del juego:

B baraja un juego de 52 cartas.

M coge el juego y anota el nombre de una carta en un papel que pone boca abajo sobre la mesa.

Con la baraja boca abajo, toma 12 cartas de arriba y las esparce sobre la mesa. B escoge 4 que alinea boca arriba. M coloca las 8 cartas restantes debajo de la baraja, boca abajo.

Junto a las 4 cartas visibles, M hará 4 montones de la siguiente forma. Informa que cada montón debe llegar a 10. Por ejemplo: D 7 4 10.

M no coloca nada junto a la dama, que vale 10.

Junto al 7, coloca 3 cartas superpuestas y boca abajo, al tiempo que dice: 8, 9 10.

Junto al 4, anuncia y apila 6 cartas, diciendo 5, 6, 7, 8, 9, 10.

Junto al 10 no pone nada, ya que ya vale 10.

M le pide a B el valor total de las 4 cartas visibles del principio:

$$10 + 7 + 4 + 10 = 31.$$

M invita a B a coger el montón de cartas y a contarlas hasta la 31. Da la vuelta a esta carta 31 y al papel del principio. ¡Se trata de la misma carta!

El secreto

M ha anotado en su papel la última carta del juego barajado, la que se encuentra al final del montón y que ha mirado subrepticiamente. Todo lo demás es automático. La carta designada es la nº 40 de la baraja.

$$
\left.
\begin{array}{l}
\text{4 cartas sobre la mesa} \\
\text{40 en el montón} \\
\text{8 añadidas debajo}
\end{array}
\right\} \quad \text{total: 52}
$$

La puesta en escena sólo sirve para llegar a la carta nº 40 y para despistar al espectador con pretendidos azares.

(Este juego fue expuesto por Martin Gardner en su obra *Mathematics, Magic and Mystery*.)

***

Henry Christ, de Nueva York, modificó este mismo juego de la manera siguiente:

M hace barajar las cartas y no predice la carta a descubrir. Distribuye 9 cartas boca abajo, le pide a B que escoja una, que la anote sobre un papel y que la coloque sobre las otras 8 que M recoge. Éste coloca las 9 cartas debajo del paquete y seguidamente empieza a distribuirlas, empezando por arriba, en 4 montones distribuidos «al azar».

Para hacer cada montón, cuenta de 10 a 1 apilando las cartas boca arriba: 10, 9, 8, 7, 6, 5, 4, 3, 2, 1 (cualquiera que sea la carta descubierta). Pero se detiene si el número anunciado coincide con la carta lanzada.

Empieza seguidamente el 2º montón de cartas. Si no se produce coincidencia alguna, dice que este montón queda eliminado y le coloca encima una carta boca abajo.

Repite la misma operación para el 3er y 4º montón.

Una vez terminados los 4 montones, suma el valor de las cartas visibles encima de cada montón. Por ejemplo (suponiendo que se haya eliminado un montón): 7 + 10 + 2 = 19.

Distribuye 19 cartas del paquete: la 19 es la carta esperada y anotada por B.

Problema 65: triángulo pequeño transformado en grande

¿Qué relación existe entre la superficie de estos dos triángulos equiláteros?

Contar para ganar

Las televisiones de varios países han popularizado un juego que está al alcance de cualquier persona que sepa contar.

Los participantes deben elegir 6 fichas de entre un conjunto que comprende los siguientes elementos:

1 2 3 4 5 6 7 8 9 10 25 50
1 2 3 4 5 6 7 8 9 10 75 100

Sobre la base de los 6 números de las fichas (que sólo pueden usarse una vez), los jugadores deberán hallar un número de 3 cifras elegido al azar o aproximarse a él al máximo, empleando tan sólo las cuatro operaciones aritméticas básicas: suma, resta, multiplicación y división. No se incluye la extracción de la raíz cuadrada. Por ejemplo, no puede decirse:

$$\sqrt{9} = 3$$

El juego requiere cierto dominio del cálculo mental (aunque está permitido escribir) y conocer, además de las tablas de multiplicar normales, estas otras dos:

Tabla del 12	Tabla del 75
$12 \times 1 = 12$	$75 \times 1 = 75$
$12 \times 2 = 24$	$75 \times 2 = 150$
$12 \times 3 = 36$	$75 \times 3 = 225$
$12 \times 4 = 48$	$75 \times 4 = 300$
$12 \times 6 = 60$	$75 \times 5 = 375$
$12 \times 5 = 72$	$75 \times 6 = 450$
$12 \times 7 = 84$	$75 \times 7 = 525$
$12 \times 8 = 96$	$75 \times 8 = 600$
$12 \times 9 = 108$	$75 \times 9 = 675$
$12 \times 10 = 120$	$75 \times 10 = 750$
$12 \times 11 = 132$	$75 \times 11 = 825$
$12 \times 12 = 144$	$75 \times 12 = 900$

- También resulta útil el conocimiento de los caracteres de divisibilidad. Por ejemplo, ante este problema:

864

4   1   5   4   7   9

Podemos dividir 864 por 2, por 3 y por 6, pero gastaríamos dos fichas. En cambio, si dividimos por 9, obtenemos $864 : 9 = 96$. Llegamos a este 96 mediante $(1 + 5) \times 4 \times 4$ o por $(4 + 4) \times (7 + 5)$.

El cálculo finaliza con un simple $96 \times 9 = 864$.

- Cuando los números que aparecen en las seis fichas son bajos y el número a hallar es alto, hay que sumar el o los 1 a los números más pequeños para obtener productos lo más altos posibles (hay que multiplicar para llegar lo más lejos posible).

    Ejemplo: con 4 3 5 3 2 1, obtendremos un resultado más alto si primero sumamos $2 + 1 = 3$ y a continuación multiplicamos $4 \times 3 \times 5 \times 3 \times 3 = 540$.

    Con estos elementos no se puede obtener un número más alto.

- Las fichas 25 y 50 deben llevarnos a pensar en las centenas del número a hallar.

- Ante el siguiente problema:

726

100   6   2   3   5   7

lo primero que pensamos es $100 \times 7 = 700$, pero entonces es difícil llegar al 26 con las cuatro fichas restantes. Hay que aumentar el factor 100:

$$100 + 3 = 103,$$

lo que lleva a $103 \times 7 = 721,$

y finalmente a $721 + 5 = 726.$

254

De esta forma hemos utilizado dos veces el 7 al multiplicarlo por 100 y por 3 en una sola operación.

- ¿Cómo llegar a un número impar con elementos pares? Sea el problema:

$$207$$
$$100 \quad 2 \quad 6 \quad 4 \quad 8 \quad 4$$

He aquí dos posibles soluciones:

$4 : 4 = 1$	$100 \times 4 = 400$
$8 - 1 = 7$	$8 + 6 = 14$
$100 \times 2 = 200$	$400 + 14 = 414$
$200 + 7 = 207$	$414 : 2 = 207$

***

Los jugadores podrían elaborar la tabla de los números del 100 al 999 que ofrecería las soluciones de productos interesantes. Esta tabla, que debe incluir sistemáticamente los factores 2, 3, 4, etc., empezaría así:

$101 =$ n.p. (número primo)
$102 = 51 \times 2, 34 \times 3, 17 \times 6$
$103 =$ n.p.
$104 = 52 \times 2, 26 \times 4, 13 \times 8$
$105 = 35 \times 3, 21 \times 5, 15 \times 7$
$106 = 53 \times 2$
$107 =$ n.p
$108 = 54 \times 2, 36 \times 3, 27 \times 4, 18 \times 6, 12 \times 9$
$109 =$ n.p.
$110 = 55 \times 2, 22 \times 5, 11 \times 10$
$111 = 37 \times 3$
$112 = 56 \times 2, 28 \times 4, 16 \times 7, 14 \times 8$
...

y terminaría así:

...
992 = 496 × 2, 248 × 4, 124 × 8, 62 × 16, 32 × 31
993 = 331 × 3
994 = 497 × 2, 142 × 7, 71 × 14
995 = 199 × 5
996 = 498 × 2, 332 × 3, 249 × 4, 166 × 6, 83 × 12
997 = n.p.
998 = 499 × 2
999 = 333 × 3, 111 × 9, 37 × 27

El azar. Existen 134.596 combinaciones posibles en la salida de las 6 fichas entre las 24 que se ofrecen, según los coeficientes del binomio:

$$C_{24}^6 \text{ que vale}$$

$$\frac{24!}{6!\,(24-6)!} = \frac{620.448.401.733.239.439.360.000}{720 \times 6.402.373.705.728.000} = 134.596$$

Hay 900 números posibles (del 100 al 999) que calcular.

Por tanto, en este juego hay 134.596 × 900 = 121.136.400 problemas posibles.

La palabra más larga

Este juego, que acompaña el anterior, consiste en hallar la palabra más larga posible con 9 letras elegidas al azar entre una serie que contiene 243 vocales y 234 consonantes repartidas del siguiente modo:

33	A	6	G	21	M	21	S	2	Y
15	B	12	H	18	N	15	T	1	Z
24	C	51	I	30	O	42	U		
15	D	6	J	12	P	6	V		
87	E	1	K	6	Q	1	W		
12	F	15	L	24	R	1	X		

Este reparto se basa en la frecuencia de empleo de las letras en las palabras francesas:

E S A R T I N U L O D C

Problema 66: cortar sin miedo

¿Cómo convertir esta cruz en un cuadrado de la misma superficie con sólo 4 cortes de tijera?

Problemas de números cruzados

Al igual que en el caso de los crucigramas, existen juegos que utilizan:

los cuadrados
los cubos
los números primos
el m.c.d.
el m.c.m.
las divisibilidades
las raíces cuadradas
etc.,

operaciones que aparecen explicadas en este libro. Consultar la tabla de las páginas siguientes y el Índice.

Problema 67: juego de cubos

a) Hallar una solucion a:

$$\square + 2 = \square$$

b) Hallar una solución a:

c) Hallar una solución a:

La multiplicación egipcia

El papiro llamado Rhind (escrito hacia 1650 a. C.) nos desvela que los egipcios empleaban el sistema decimal y cómo multiplicaban.

Para resolver, por ejemplo, 23 × 57.

Escribir la cifra 1 y junto a ella uno de los dos factores; separarlos con un trazo vertical: 1   23

Doblar los dos números sucesivamente:

— 1	23
2	46
4	92
— 8	184
— 16	368
— 32	736
64	1472

Detenerse cuando el número más pequeño sobrepasa el otro factor (57).

En la columna de la izquierda y de abajo a arriba, poner una raya en los números cuyo total sume 57 (sabemos que todos los números enteros pueden obtenerse con los elementos 1, 2, 4, 8, …).

Sumar los números de la derecha que aparecen junto a los números que tienen la raya.

$$23 + 184 + 368 + 736 = 1.311$$

Es el producto que estamos buscando: 23 × 57 = 1.311.

Problema 68: el circuito

Finalmente, para relajarnos después de tantos números, intentemos trazar este dibujo de forma continua.

Anexos

Tabla de los números del 1 al 100

n	n^2	n^3	$\dfrac{1}{n}$	$\sqrt{n}$
(número n)	(cuadrado de n)	(cubo de n)	(inverso de n)	(raíz cuadrada de n)
1	1	1	1	1
2	4	8	0,5	1,4142
3	9	27	0,33333	1,7321
4	16	64	0,25	2
5	25	125	0,2	2,2361
6	36	216	0,16667	2,4495
7	49	343	0,14286	2,6458
8	64	512	0,125	2 8284
9	81	729	0,11111	3
10	100	1.000	0,1	3,1623
11	121	1.331	0,09091	3,3166
12	144	1.728	0,08333	3,4641
13	169	2.197	0,07692	3,6056
14	196	2.744	0,07143	3,7417
15	225	3.375	0,06667	3,8730
16	256	4.096	0,06250	4
17	289	4.913	0,05882	4,1231
18	324	5.832	0,05556	4,2426
19	361	6.859	0,05263	4,3589
20	400	8.000	0,05	4,4721
21	441	9.261	0,04762	4,5826
22	484	10.648	0,04545	4,6904
23	529	12.167	0,04348	4,7958
24	576	13.824	0,04167	4,8990
25	625	15.625	0,04	5
26	676	17.576	0,03846	5,0990
27	729	19.683	0,03704	5,1962
28	784	21.952	0,03571	5,2915
29	841	24.389	0,03438	5,3852
30	900	27.000	0,03333	5,4772
31	961	29.791	0,03226	5,5678

$\sqrt[3]{n}$	$\pi\,n$	$\dfrac{\pi\,n^2}{4}$	Factorización en primos de n	n
(raíz cúbica de n)	(longitud de la circunferencia de diámetro n)	(superficie del círculo de diámetro n)	(n.p. = número primo)	(recordatorio de n)
1	3,142	0,7854		1
1,2599	6,283	3,1416	n.p.	2
1,4422	9,425	7,0686	n.p.	3
1,5874	12,566	12,5664	2^2	4
1,7100	15,708	19,6350	n.p.	5
1,8171	18,850	28,2743	2×3	6
1,9129	21,991	38,4845	n.p.	7
2	25,133	50,2655	2^3	8
2,0801	28.724	63,6173	3^2	9
2,1544	31,416	78,5398	2×5	10
2,2240	34,558	95,0332	n.p.	11
2,2894	37,699	113,097	$2^2 \times 3$	12
2,3513	40,841	132,732	n.p.	13
2,4101	43,982	153,938	2×7	14
2,4662	47,124	176,715	3×5	15
2,5198	50,265	201,062	2^4	16
2,5713	53,407	226,980	n.p.	17
2,6027	56,549	254,469	2×3^2	18
2,6684	59,690	283,529	n.p.	19
2,7144	62,832	314,159	$2^2 \times 5$	20
2,7859	65,973	246,361	3×7	21
2,8020	69,115	380,133	2×11	22
2,8439	72,257	415,476	n.p.	23
2,8845	75,398	452,389	$2^3 \times 3$	24
2,9240	78,540	490,874	5^2	25
2,9625	81,681	530,929	2×13	26
3	84,823	572,555	3^3	27
3,0366	87,965	615,752	$2^2 \times 7$	28
3,0723	91,106	660,520	n.p.	29
3,1072	94,248	706,858	$2 \times 3 \times 5$	30
3,1414	97,389	754,768	n.p.	31

n	n^2	n^3	$\dfrac{1}{n}$	$\sqrt{n}$
(número n)	(cuadrado de n)	(cubo de n)	(inverso de n)	(raíz cuadrada de n)
32	1.024	32.768	0,03125	5,6562
33	1.089	35.937	0,03030	5,7446
34	1.156	39.304	0,02941	5,8310
35	1.225	42.875	0,02857	5,9161
36	1.296	46.656	0,02778	6
37	1.369	50.653	0,02703	6,0828
38	1.444	54.872	0,02632	6,1644
39	1.521	59.319	0,02564	6,2450
40	1.600	64.000	0,025	6,3246
41	1.681	68.921	0,02439	6,4031
42	1.764	74.088	0,02381	6,4807
43	1.849	79.507	0,02326	6,5574
44	1.936	85.184	0,02273	6,6332
45	2.025	91.125	0,02222	6,7082
46	2.116	97.336	0,02174	6,7823
47	2.209	103.823	0,02128	6,8557
48	2.304	110.592	0,02083	6,9282
49	2.401	117.649	0,02041	7
50	2.500	125.000	0,02	7,0711
51	2.601	132.631	0,01961	7,1411
52	2.704	140.608	0,01923	7,2111
53	2.809	148.877	0,01887	7,2801
54	2.916	157.464	0,01852	7,3485
55	3.025	166.375	0,01818	7,4162
56	3.136	175.616	0,01786	7,4833
57	3.249	185.193	0,01754	7,5498
58	3.364	195.112	0,01724	7,6158
59	3.481	205.379	0,01695	7,6811
60	3.600	216.000	0,01667	7,7460
61	3.721	226.981	0,01639	7,8102
62	3.844	238.328	0,01613	7,8740
63	3.969	250.047	0,01587	7,9373
64	4.096	262.144	0,01563	8

$\sqrt[3]{n}$	$\pi\, n$	$\dfrac{\pi\, n^2}{4}$	Factorización en primos de n	n
(raíz cúbica de n)	(longitud de la circunferencia de diámetro n)	(superficie del círculo de diámetro n)	(n.p. = número primo)	(recordatorio de n)
3,1748	100,531	804,248	2^5	32
3,2075	103,673	855,299	3×11	33
3,2396	106,814	907,920	2×17	34
3,2711	109,956	962,113	5×7	35
3,3019	113,097	1.017,88	$2^2 \times 3^2$	36
3,3322	116,239	1.075,21	n.p.	37
3,3620	119,381	1.134,11	2×19	38
3,3912	122,522	1.194,59	3×13	39
3,4200	125,664	1.256,64	$2^3 \times 5$	40
3,4482	128,81	1.320,25	n.p.	41
3,4760	131,95	1.385,44	$2 \times 3 \times 7$	42
3,5034	135,09	1.452,20	n.p.	43
3,5303	138,23	1.520,53	$2^2 \times 11$	44
3,5569	141,37	1.590,43	$3^2 \times 5$	45
3,5830	144,51	1.661,90	2×23	46
3,6088	147,65	1.734,94	n.p.	47
3,6342	150,80	1.809,56	$2^4 \times 3$	48
3,6593	153,94	1.885,74	7^2	49
3,6840	157,08	1.963,50	2×5^2	50
3,7084	160,22	2.042,82	3×17	51
3,7325	163,36	2.123,72	$2^2 \times 13$	52
3,7563	166,50	2.206,18	n.p.	53
3,7798	169,65	2.290,22	2×3^3	54
3,8030	172,79	2.375,83	5×11	55
3,8259	175,93	2.463,01	$2^3 \times 7$	56
3,8485	179,07	2.551,76	3×19	57
3,8709	182,21	2.642,08	2×29	58
3,8930	185,35	2.733,97	n.p.	59
3,9149	188,50	2.827,43	$2^2 \times 3 \times 5$	60
3,9365	191,64	2.922,47	n.p.	61
3,9579	194,78	3.019,07	2×31	62
3,9791	197,92	3.117,25	$3^2 \times 7$	63
4	201,06	3.216,99	2^6	64

n	n^2	n^3	$\dfrac{1}{n}$	$\sqrt{n}$
(número n)	(cuadrado de n)	(cubo de n)	(inverso de n)	(raíz cuadrada de n)
65	4.225	274.625	0,01538	8,0623
66	4.356	287.496	0,01515	8,1240
67	4.489	300.763	0,01493	8,1854
68	4.624	314.432	0,01471	8,2462
69	4.761	328.509	0,01449	8,3066
70	4.900	343.000	0,01429	8,3666
71	5.041	357.911	0,01408	8,4262
72	5.184	373.248	0,01389	8,4853
73	5.329	389.017	0,01370	8,5440
74	5.476	405.224	0,01351	8,6023
75	5.625	421.875	0,01333	8,6603
76	5.776	438.976	0,01316	8,7178
77	5.929	456.533	0,01299	8,7750
78	6.084	474.552	0,01282	8 8318
79	6.241	493.039	0,01266	8,8882
80	6.400	512.000	0,01250	8,9443
81	6.561	531.441	0,01235	9
82	6.724	551.368	0,01220	9,0554
83	6.889	571.787	0,01205	9,1104
84	7.056	592.704	0,01190	9,1652
85	7.225	614.125	0,01176	9,2195
86	7.396	636.056	0,01163	9,2736
87	7.569	658.503	0,01149	9,3274
88	7.744	681.472	0,01136	9,3808
89	7.921	704.969	0,01124	9,4340
90	8.100	729.000	0,01111	9,4868
91	8.281	753.571	0,01099	9,5394
92	8.464	778.688	0,01087	9,5917
93	8.649	804.357	0,01075	9,6437
94	8.836	830.584	0,01064	9,6984
95	9.025	857.375	0,01053	9,7468
96	9.216	884.736	0,01042	9,7980
97	9.409	912.673	0,01031	9,8489

$\sqrt[3]{n}$	$\pi\, n$	$\dfrac{\pi\, n^2}{4}$	Factorización en primos de n	n
(raíz cúbica de n)	(longitud de la circunferencia de diámetro n)	(superficie del círculo de diámetro n)	(n.p. = número primo)	(recordatorio de n)
4,0207	204,20	3.318,31	5×13	65
4,0412	207,35	3.421,19	$2 \times 3 \times 11$	66
4,0615	210,49	3.525,65	n.p.	67
4,0817	213,63	3.631,68	$2^2 \times 17$	68
4,1016	216,77	3.739,28	3×23	69
4,1213	219,71	3.848,45	$2 \times 5 \times 7$	70
4,1408	223,05	3.959,19	n.p.	71
4,1602	226,19	4.071,50	$2^3 \times 3^2$	72
4,1793	229,34	4.185,39	n.p.	73
4,1983	232,48	4.300,84	2×37	74
4,2172	235,62	4.417,86	3×5^2	75
4,2358	238,76	4.656,63	$2^2 \times 19$	76
4,2543	241,70	4.778,36	7×11	77
4,2727	245,04	4.901,67	$2 \times 3 \times 13$	78
4,2908	248,19	5.026,55	n.p.	79
4,3089	251,33	5.153,00	$2^4 \times 5$	80
4,3267	254,47	5.281,02	3^4	81
4,3445	257,61	5.410,61	2×41	82
4,3621	260,75	5.541,77	n.p.	83
4,3795	263,89	5.674,50	$2^2 \times 3 \times 7$	84
4,3968	267,04	5.808,80	5×17	85
4,4140	270,18	5.944,68	2×43	86
4,4310	273,32	6.082,12	3×29	87
4,4480	276,46	6.221,15	$2^3 \times 11$	88
4 4647	279,60	6.361,73	n.p.	89
4,4814	282,74	6.503,88	$2 \times 3^2 \times 5$	90
4,4979	285,88	6.647,61	7×13	91
4,5144	289,03	6.792,91	$2^2 \times 23$	92
4,5307	292,17	6.939,78	3×31	93
4,5468	295,31	7.088,22	2×47	94
4,5629	298,45	7.238,23	5×19	95
4,5709	301.59	7.389,84	$2^5 \times 3$	96
4,5947	304,73		n.p.	97

n	n^2	n^3	$\dfrac{1}{n}$	$\sqrt{n}$
(número n)	(cuadrado de n)	(cubo de n)	(inverso de n)	(raíz cuadrada de n)
98	9.604	911.192	0,01020	9,8995
99	9.801	970.299	0,01010	9,9499
100	10.000	1.000.000	0,01	10

$\sqrt[3]{n}$	$\pi\, n$	$\dfrac{\pi\, n^2}{4}$	Factorización en primos de n	n
(raíz cúbica de n)	(longitud de la circunferencia de diámetro n)	(superficie del círculo de diámetro n)	(n.p. = número primo)	(recordatorio de n)
4,6104	307,88	7.542,96	2×7^2	98
4,6261	311,02	7.697,69	$3^2 \times 11$	99
4,6416	314,16	7.853,98	$2^2 \times 5^2$	100

Soluciones

Problema 1:

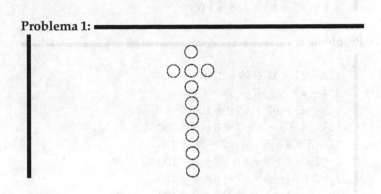

Problema 2:

Los volúmenes están colocados así: el lepisma ha ido de la página 1 (flecha de la izquierda) a la página 2.000 (flecha de la derecha) perforando 3 volúmenes enteros (400 × 1.200 páginas).

(Si los libros hubieran sido impresos en árabe, el lepisma hubiera atravesado 2.000 páginas.)

Problema 3:

Es muy sencillo: basta con eliminar los ceros de los dos primeros números, desplazar el segundo bajo el primero y luego restar.

$$\begin{array}{r} 987.654.32 \\ -\ 123.456.789 \\ \hline 864.197.532 \end{array}$$

Los tres términos contienen las nueve cifras del 1 al 9.

Problema 4: ▬▬▬▬▬▬▬▬▬▬▬▬▬▬▬▬▬▬▬▬▬▬▬

$8 + 8 + 8 + 88 + 888 = 1.000$

Problema 5: ▬▬▬▬▬▬▬▬▬▬▬▬▬▬▬▬▬▬▬▬▬▬▬

$123 - 45 - 67 + 89 = 100$
$124 + 4 - 5 + 67 - 89 = 100$
$123 + 45 - 67 + 8 \_ 9 = 100$
$123 - 4 - 5 - 6 - 7 + 8 - 9 = 100$
$12 + 3 + 4 + 5 - 6 - 7 + 89 = 100$
$1 + 23 - 4 + 5 + 6 + 78 - 9 = 100$
$1 + 2 + 34 - 5 + 67 - 8 + 9 = 100$
$12 + 3 - 4 + 5 + 67 + 8 + 9 = 100$
$1 + 23 - 4 + 56 + 7 + 8 + 9 = 100$
$1 + 2 + 3 - 4 + 5 + 6 + 78 + 9 = 100$

Dudeney creía que la primera solución era insuperable por su simplicidad.

Problema 6: ▬▬▬▬▬▬▬▬▬▬▬▬▬▬▬▬▬▬▬▬▬▬▬

$98 - 76 + 54 + 3 + 21 = 100$
$9 - 8 + 76 + 54 - 32 + 1 = 100$
$98 - 7 - 6 - 5 - 4 + 3 + 21 = 100$
$9 - 8 + 76 - 5 + 4 - 3 - 2 - 1 = 100$
$98 - 7 + 6 + 5 + 4 - 3 - 2 - 1 = 100$
$98 + 7 - 6 + 5 - 4 + 3 - 2 - 1 = 100$
$98 + 7 + 6 - 5 - 4 - 3 + 2 - 1 = 100$
$98 + 7 - 6 + 5 - 4 - 3 + 2 + 1 = 100$
$98 - 7 + 6 + 5 - 4 + 3 - 2 + 1 = 100$
$98 - 7 + 6 - 5 + 4 + 3 + 2 - 1 = 100$
$98 + 7 - 6 - 5 + 4 + 3 - 2 + 1 = 100$
$98 - 7 - 6 + 5 + 4 + 3 + 2 + 1 = 100$
$9 + 8 + 76 + 5 + 4 - 3 + 2 - 1 = 100$
$9 + 8 + 76 + 5 - 4 + 3 + 2 + 1 = 100$

Problema 7:

Solución: basta con invertir la primera y la última fila de las sumas propuestas.

$$
\begin{array}{r}
972 \\
-\ 654 \\
\hline
381
\end{array}
\qquad
\begin{array}{r}
567 \\
-\ 438 \\
\hline
129
\end{array}
$$

Problema 8:

Este problema tiene 24 soluciones posibles. El total suma 28 en todas las direcciones.

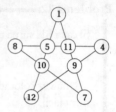

Problema 9:

Problema 10:

Tanto las filas como las columnas pueden intercambiarse entre sí.

1	2	3	4	5
4	5	1	2	3
2	3	4	5	1
5	1	2	3	4
3	4	5	1	2

Problema 11:

11	32	20	17	2	29
30	31	18	24	1	7
9	3	16	22	34	27
28	4	15	21	33	10
25	36	19	13	6	12
8	5	23	14	35	26

Problema 12:

Si cada fila suma un total de 63, el número del centro es

$$63 : 3 = 21$$

Una vez colocado este número en la casilla central, el resto es muy fácil.

La diagonal que parte del 13 suma 63 y debemos colocar a la izquierda del 7 el número $63 - (13 + 21) = 29$.

Continuar de este modo hasta llegar a

15	35	13
19	21	23
29	7	27

Problema 13:

Cinco. He aquí por qué. Con 9 colillas, lía 3 cigarrillos que fuma.   3

Le quedan por tanto 3 colillas con las que hace un cigarrillo.   1

Una vez fumado éste, le queda una colilla, más la que le ha sobrado al principio. Le pide a un compañero que le preste una colilla que, unida a las otras dos, le permite liar otro cigarrillo. Tras fumarlo, devuelve la colilla a su amigo.   1

Total = 5

Problema 14: ━━━━━━━━━━━━━━━━━━━━━━━━━━━━━━

Es el 3, ya que $3 \times 37 = 111$
Es también el 3.003, ya que $3.003 \times 37 = 111.111$
o el 3.003.003, puesto que $3.003.003 \times 37 = 111.111.111$
o el 3.003.003.003, ya que $3.003.003.003 \times 37 = 111.111.111.111$
etc.

Problema 15: ━━━━━━━━━━━━━━━━━━━━━━━━━━━━━━

Se trata de una simple broma, ya que $n : n$ da 1, y por tanto no influye en las demás operaciones.

Problema 16: ━━━━━━━━━━━━━━━━━━━━━━━━━━━━━━

Hay 35/72 negro y 37/72 blanco.

Problema 17: ━━━━━━━━━━━━━━━━━━━━━━━━━━━━━━

La granjera ha llegado al mercado con 7 huevos. Ha ido vendiendo sucesivamente:

$$3 \ 1/2 + 1/2 = 4 \text{ (le quedan 3)}$$
$$1 \ 1/2 + 1/2 = 2 \text{ (le queda} = 1)$$
$$1/2 + 1/2 = 1 \text{ (no le queda ninguno)}$$

La historia de la granjera podría alargarse tanto como quisiéramos. La hemos detenido en la tercera cliente para que no resultara pesada. Las soluciones del problema son las potencias de 2 menos 1:

$$2^1 - 1 = 2 - 1 = 1$$
$$2^2 - 1 = 4 - 1 = 3$$
$$2^3 - 1 = 8 - 1 = 7$$
$$2^4 - 1 = 16 - 1 = 15$$

luego 31, 63, 127, 255,…

Problema 18: ▬▬▬▬▬▬▬▬▬▬▬▬▬▬▬▬▬▬▬▬▬▬▬▬▬▬

Para los calcetines, basta con *tres*: si los dos primeros son de distinto color, el tercero será necesariamente del color de uno de los dos.

En cuanto a los guantes, tendrá que coger once. En este caso hay una dificultad añadida, ya que mientras los calcetines pueden ponerse indistintamente en uno u otro pie, no sucede lo mismo con los guantes, que sólo se adaptan a una mano, la derecha o la izquierda. Si por casualidad Pedro cogiera primero todos los guantes de la mano derecha (10), necesitaría un undécimo guante para la mano izquierda; no importa el color de este guante ya que entre los 10 primeros se encontraría uno a juego.

Problema 19: ▬▬▬▬▬▬▬▬▬▬▬▬▬▬▬▬▬▬▬▬▬▬▬▬▬▬

Basta con verter el contenido de la 2ª copa en la 5ª y volver a colocarla en su lugar.

Problema 20: ▬▬▬▬▬▬▬▬▬▬▬▬▬▬▬▬▬▬▬▬▬▬▬▬▬▬

$1 + 2 + 3 + 4 + 5 + 6 + 7 + (8 \times 9) = 100$
$1 + (2 \times 3) + (4 \times 5) - 6 + 7 + (8 \times 9) = 100$
$(1 \times 2) + 34 + 56 + 7 - 8 + 9 = 100$

Problema 21: ▬▬▬▬▬▬▬▬▬▬▬▬▬▬▬▬▬▬▬▬▬▬▬▬▬▬

$$11111111 \times 1,1111111$$

El resultado real del producto es: 1 2 3 4 5 6 7 8,7 6 5 4 3 2 1 pero en la calculadora sólo aparecen las ocho primeras cifras.

Más simple aún: poner $11111111 \times =$

Lo que se desprende de la observación de la siguiente pirámide, cuyos productos, simétricos, son todos palindrómicos (pueden leerse indistintamente de izquierda a derecha y de derecha a izquierda).

$$1^2 = \qquad\qquad\qquad 1$$
$$11^2 = \qquad\qquad\quad 1\ 2\ 1$$
$$111^2 = \qquad\qquad 1\ 2\ 3\ 2\ 1$$
$$1.111^2 = \qquad\quad 1\ 2\ 3\ 4\ 3\ 2\ 1$$
$$11.111^2 = \qquad 1\ 2\ 3\ \ 5\ 4\ 3\ 2\ 1$$
$$111.111^2 = \qquad 1\ 2\ 3\ 4\ 5\ 6\ 5\ 4\ 3\ 2\ 1$$
$$1.111.111^2 = \qquad 1\ 2\ 3\ 4\ 5\ 6\ 7\ 6\ 5\ 4\ 3\ 2\ 1$$
$$11.111.111^2 = \quad 1\ 2\ 3\ 4\ 5\ 6\ 7\ 8\ 7\ 6\ 5\ 4\ 3\ 2\ 1$$
$$111.111.111^2 = \ 1\ 2\ 3\ 4\ 5\ 6\ 7\ 8\ 9\ 8\ 7\ 6\ 5\ 4\ 3\ 2\ 1$$

Problema 22:

De entrada, diríamos: 500 um a A y 300 um a B, pero no es una buena solución.

Si C satisface su deuda pagando 800 um, significa que la comida de los 3 amigos cuesta: 800 × 3 = 2.400 um.

Cada plato vale: 2.400 um : 8 = 300 um.

El primero ha satisfecho el valor de 5 platos,

o sea, 300 um × 5 = 1.500 um.

El segundo ha pagado por 3 platos,

o sea, 300 um × 3 = 900 um.

El primero debe recibir el valor de lo que ha aportado, menos su propia comida, o sea 1.500 um – 800 um = 700 um.

El segundo debe percibir el valor de su aportación menos su propia comida, o sea 900 um – 800 um = 100 um.

Problema 23: ▬▬▬▬▬▬▬▬▬▬▬▬▬▬▬▬▬▬▬

Los factores primos de 2, 3, 4, 5, 6

son 2, 3, 2^2, 5, 2 × 3.

El m.c.m. de los cinco números es

$$2^2 \times 3 \times 5 = 60$$

Ya que   60 + 1   no es divisible por 7;

        $(60 \times 2) + 1$ —

        $(60 \times 3) + 1$ —

        $(60 \times 4) + 1$ —

Pero $(60 \times 5) + 1 = 301$ sí es divisible por 7.

La granjera tenía 301 huevos.

Problema 24: ▬▬▬▬▬▬▬▬▬▬▬▬▬▬▬▬▬▬▬

El número de botellas es un múltiplo de 8, de 12 y de 15, más 6.
El m.c.m. de 8, 12 y 15 es 120.

El número que queremos averiguar podría situarse, pues, entre   120 + 6, o 240 + 6, o 360 + 6, o 480 + 6, etc.

Entre 300 y 400, la respuesta correcta es 366.

Problema 25: ▬▬▬▬▬▬▬▬▬▬▬▬▬▬▬▬▬▬▬

Existen algunos números con esta característica, pero no son enteros. Pueden hallarse dividiendo uno de ellos (n) por ($n-1$).

Ejemplo: 6 : 5 = 1,2
Se obtiene: 6 + 1,2 = 6 × 1,2

Y otros:

3	y	1,5	21	y	1,05
5	y	1,25	26	y	1,04
9	y	1,125	33	y	1,03125
11	y	1,1	41	y	1,025
17	y	1,0625	51	y	1,02

Problema 26: ▬▬▬▬▬▬▬▬▬▬▬▬▬▬▬▬▬▬▬▬▬▬▬▬▬▬

Aplicar la fórmula $\dfrac{n\,(n+1)}{2}$ de la página 35:

$$\frac{999.999 \times 1.000.000}{2} = 499.999.500.000$$

o la fórmula $(a + n) \times \dfrac{N}{2}$ de la página 86:

$$(1 + 999.999) \times \frac{999.999}{2} = 499.999.500.000$$

Problema 27: ▬▬▬▬▬▬▬▬▬▬▬▬▬▬▬▬▬▬▬▬▬▬▬▬▬▬

Colocar:

1 um	en	B	luego:		
5 um	en	C	50 um	en	A
25 um	en	D	100 um	en	B
5 um	en	D	50 um	en	B
1 um	en	D	1 um	en	A
50 um	en	B	5 um	en	C
100 um	en	C	25 um	en	B
50 um	en	C	5 um	en	B
500 um	en	B	1 um	en	B

Problema 28: ▬▬▬▬▬▬▬▬▬▬▬▬▬▬▬▬▬▬▬▬▬▬▬▬▬▬

Es el $10^{10^{10}}$.

Al convertir esta doble potencia en un número, podríamos limitarnos a elevar 10^{10} (es decir, 10.000 millones) a la potencia 10. De este modo obtendríamos un número representado por un 1 seguido de cien ceros.

Pero podemos hacerlo mejor: hay que elevar 10 a potencia 10.000 millones, lo que nos da un número representado por un 1 seguido de 10.000 ceros.

Ya que $10^{(10^{10})}$ es mayor que $(10^{10})^{10}$.

Problema 29: ▬▬▬▬▬▬▬▬▬▬▬▬▬▬▬▬▬▬▬▬

Sí, con 625 canicas podemos formar: un cuadrado de 576 canicas (24^2) y un cuadrado de 49 canicas (7^2); y también: un cuadrado de 400 canicas (20^2) y un cuadrado de 225 canicas (15^2).

(Ver el cuadro de las páginas 262 y ss.)

Problema 30: ▬▬▬▬▬▬▬▬▬▬▬▬▬▬▬▬▬▬▬▬

Considerando la serie de los cuadrados, observamos que pasan de 3 a 5, 7, 9, etc., o sea los números impares sucesivos. Y la serie continúa indefinidamente. La diferencia entre los dos cuadrados propuestos es $635.209 - 633.616 = 1.593$

La siguiente diferencia es, pues, 1.595. Y el cuadrado siguiente es $635.209 + 1.595 = 636.804$

Estos tres números son los cuadrados de 796, 797 y 798. También es fácil averiguar el cuadrado que precede a 633.616: $633.616 - 1.591 = 632.025$ (que es el cuadrado de 795).

Problema 31: ▬▬▬▬▬▬▬▬▬▬▬▬▬▬▬▬▬▬▬▬

a) La serie sigue así:
   12   9   11   8   10   7 // 9   6   8   5 ...
   Las diferencias son alternativamente -3 y $+2$.

b) El número inferior es el tercio de la suma de los otros dos:

$$\frac{16 + 11}{3} = 9 \qquad\qquad \frac{25 + 14}{3} = 13$$

En la parte inferior del tercer dibujo falta el 7 (un tercio de $16 + 5$).

c) El número 4. Los cuadrados forman un cuadrado negro; los triángulos, un triángulo negro; los trapecios, un trapecio negro. Pero los rectángulos no forman un rectángulo.

También puede considerarse que el número 2 es el único que tiene una figura negra de 3 lados y que es el único que no presenta superposición de dos ángulos.

Problema 32: ━━━━━━━━━━━━━━━━━━━━━

1° Si los números estuvieran escritos en letras (cuatro, dos...), seguirían el orden alfabético de la primera letra: c d n o s. Les seguirían 3 1.

2° Estas figuras representan las unidades 1 2 3 4 5 dibujadas en doble e invertidas (tapar la mitad izquierda de cada dibujo).

Problema 33: ━━━━━━━━━━━━━━━━━━━━━

Problema 34: ━━━━━━━━━━━━━━━━━━━━━

Le basta con abrir 5 eslabones: los 2 del segundo pedazo y los 3 del último. Estos eslabones abiertos se colocarán en los espacios marcados con las flechas.

Problema 35: ━━━━━━━━━━━━━━━━━━━━━

Primera venta.　　Compra ├──┼──┼──┼──┤ ╲ pérdida
　　　　　　　　　 Venta　├──┼──┼──┤

El jarrón vendido por 200.000 um fue comprado por 250.000 um. El 20 % del precio de compra equivale a 1/5.

Segunda venta.　　Compra ├──┼──┼──┤
　　　　　　　　　 Venta　├──┼──┼──┼──┤ ╱ beneficio

El jarrón vendido por 200.000 um fue comprado por 160.000 um. El 25 % del precio de compra equivale a 1/4.

En la primera venta, el anticuario perdió el 20 % de 250.000 um, o sea 50.000 um.

En la segunda venta, ganó el 25 % de 160.000 um, o sea 40.000 um.

Resultado final: con la compraventa ha perdido 10.000 um.

Otro razonamiento:

En el primer gráfico vemos que el 20 % del precio de compra equivale al 25 % del precio de venta.

En el segundo gráfico vemos que el 25 % del precio de compra equivale al 20 % del precio de venta.

Dado que el precio de venta es el mismo en ambos casos (200.000 um), la pérdida es de 25 % − 20 % = 5 %,

$$\frac{200.000 \times 5}{100} = 10.000 \text{ um.}$$

Problema 36:

Se obtiene el doble del año en curso.

Problema 37:

El viejo sabio les dice:

— Id a buscar el camello amarrado junto a mi tienda y añadidlo a vuestra manada. Tendremos 18. Que el mayor se quede con la mitad, es decir 9, que el segundo coja un tercio (6) y el menor 1/9, es decir 2 camellos. Esto nos da: 9 + 6 + 2 = 17 animales. Y devolvedme mi camello, el 18.

Con este reparto los tres hermanos se sintieron felices y con el sentimiento de haber obtenido algo más que su parte. El viejo sabio sabía que estaba jugando con la aritmética porque:

$$\frac{1}{2} + \frac{1}{3} + \frac{1}{9} \quad \text{no hacen más que} \quad \frac{17}{18}$$

Problema 38: ━━━━━━━━━━━━━━━━━━━━━━━━━━━━━━

a) Volumen de la esfera:

$$\frac{4\,\pi\,R^3}{3} = \frac{12{,}56}{3} = 4{,}1866\ \text{m}^3, \text{o } 4.186{,}6\ \text{dm}^3$$

Dado que la densidad media del corcho es de 0,24 kg/dm³, esta esfera pesaría:

$$0{,}24\ \text{kg/dm}^3 \times 4.186{,}6\ \text{dm}^3 = 1.004{,}784\ \text{kg}$$

es decir, algo más de una tonelada.

b) Volumen de una bola:

$$\frac{4\,\pi\,R^3}{3} = 0{,}5233\ \text{mm}^3$$

Volumen total: 0,5233 cm³
Densidad del acero: 7,7
Peso total; 7,7 g × 0,5233 = 4,02941 g solamente.

Problema 39: ━━━━━━━━━━━━━━━━━━━━━━━━━━━━━━

Serán necesarios 4 tapiceros.

Si 4 tapiceros tejen 4 tapices en 4 días, significa que un solo tapicero necesita 4 días para hacer un tapiz.

Este tapicero puede tejer 2 tapices en 8 días
   —   3   — 12 —
   —   4   — 16 —
   —   5   — 20 —

Si son 4 tapiceros, tejerán 5 × 4 = 20 tapices en 20 días.

Problema 40: ━━━━━━━━━━━━━━━━━━━━━━━━━━━━━━

En la balanza, colocar 3 piezas en el platillo de la izquierda y 3 piezas en el de la derecha. Si pesan lo mismo, la pieza falsa estará entre las tres piezas restantes. Poner una pieza en cada platillo. La balanza nos indicará dónde se encuentra la pieza falsa.

El procedimiento es el mismo si la pieza falsa se encuentra entre las 6 de la primera pesada.

***

Si tuviéramos de 10 a 27 piezas, necesitaríamos realizar tres pesadas.

Como regla general, se requieren n pesadas para descubrir la pieza falsa (ya sea más ligera o más pesada) en un conjunto de 3^n piezas.

Problema 41:

Tomar 1 moneda del   1er montón,
        2 monedas del 2° montón,
        3 monedas del 3er montón,
        ....,
        10 monedas del 10° montón.

Tendremos así 55 monedas. Las pesaremos. (Si ninguna fuera falsa, el peso sería de 550 g.)

Si las 55 monedas pesan 551 g, significa que una sola moneda es falsa, lo que identifica el primer montón como falso.

Con 552 g, será el 2° montón;

Con 553 g, será el 3er montón;

...

Con 559 g, será el 9° montón;

Con 560 g, será el 10° montón.

Problema 42:

En este caso no hay que hacer grandes cálculos. El encuentro entre los dos peatones tiene lugar a mitad de camino entre A y B, ya que ambos andan a la misma velocidad.

Cada uno de ellos habrá recorrido 24 km: 2 = 12 km, por lo que habrá caminado durante 12: 4 = 3 horas.

Por consiguiente, el ciclista ha estado rodando durante 3 horas y ha recorrido 30 km × 3 = 90 km.

Problema 43:

Sí, ganarán tiempo.

Dividamos los 10 km en 5 tramos de 2 km. En cada tramo el peatón anda 1 km en 10 min y rueda 1 km en 4 min. El otro hace lo mismo (4 min + 10 min).

La bicicleta cambia de manos en el 14° minuto, en el 28° minuto y en el 56° minuto.

Como hay 5 tramos, la distancia AB se cubrirá en 14 × 5 = = 70 min.

A pie, habrían necesitado 10 × 10 = 100 min.

En bicicleta, habrían necesitado 4 × 10 = 40 min.

Nota: Esta historia tiene lugar en un país donde nadie roba las bicicletas que se dejan junto a un árbol.

Problema 44:

a) Cada figura es la mitad de un cuadrado.

b) Cada figura puede dividirse con una línea en dos mitades de la misma forma:

la primera por una línea, recta, quebrada o curva (pero simétrica), que pasa por el centro M, las otras por las líneas punteadas.

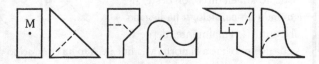

Problema 45: ═══════════════════════════

El alambre se encontraría a casi 16 cm del suelo.

Diámetro del círculo descrito por el primer alambre:
40.000.000 m : 3,14 = 12.738.853,50318 m.

Diámetro del círculo descrito por el segundo alambre:
40.000.001 m : 3,14 = 12.738.853,82165 m.

Diferencia de diámetro: 82,165 cm – 50,318 m = 31,847 cm.

Diferencia de radio: 31,847 cm : 2 = 15,9235 cm.

La distancia entre la esfera y el alambre alargado de 1 m es la misma (15,9235 cm) cualquiera que sea el tamaño de la esfera, ya sea una canica de 1 cm de diámetro, ya sea el Sol (que tiene 1.392.640 km de diámetro).

Por otra parte, esta distancia aumenta 15,9235 cm con cada metro que se le añade al alambre.

Así, si se le añadieran 4 m, el alambre se hallaría a 15,9235 × 4 = 63,694 cm del suelo.

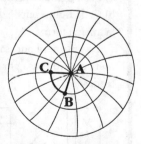

Habría que prolongar 6,283184 m el alambre para que se hallara a 1 m del suelo.

Problema 46: ═══════════════════════════

El explorador ha salido del polo Norte (A). En primer lugar, se ha dirigido en línea recta hacia el sur, siguiendo un meridiano, y ha llegado al punto B. De ahí ha caminado 10 km en dirección oeste, siguiendo un paralelo, y ha llegado al punto C. Finalmente, desde C se ha dirigido hacia el norte, y la línea CA lo ha conducido nuevamente al polo Norte de donde partió. Ha recorrido un triángulo equilátero debido a la situación especial del lugar.

Problema 47: ━━━━━━━━━━━━━━━━━━━━━━━

Sí. Vayamos al polo Sur.

Detengámonos en el punto M, situado a

10.000 m + 1.592,35 m = 11.592, 35 m del polo.

Caminando 10 km en dirección sur, llegaremos a P. Desde P, caminando hacia el oeste, se sigue un paralelo que mide (1,5923566 × 2) × 3,14 = 10 km y dibuja un círculo alrededor del polo, lo que nos lleva nuevamente a P. Y desde P, caminando 10 km hacia el norte, se llega al punto de partida M.

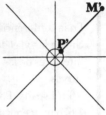

Existen tantas soluciones como puntos sobre el círculo que pasa por M, con un radio de 11.592.356,6 m.

También podemos imaginar un punto de partida M' situado a 10 km + 0,7961783 km del polo Sur. El primer trayecto hacia el sur conduce a P' que se halla a 0,7961783 km del polo.

Partiendo de P hacia el oeste, se recorrerán los 10 km haciendo dos veces la circunferencia pequeña:

[(0,7961783 × 2) × 3,14] × 2 = 10 km
    diámetro   π vueltas

Terminadas estas dos vueltas, caminando 10 km desde P' hacia el norte, llegaremos nuevamente a M'.

Y, dando 3 pequeñas vueltas (salida a 10.530,78 m del polo Sur) o 4, o más vueltas, en lugar de 2, el punto de partida se acercaría al polo Sur.

Existen, pues, infinidad de soluciones.

Problema 48:

Superficie del cuadrado de la base del paralelepípedo:

$$124,90 \text{ m} \times 124,90 \text{ m} = 15.600,01 \text{ m}^2$$

La torre pesa 7.600 t, o 7.600.000 kg.

La densidad del hierro es 7,8.

Volumen del metal:

7.600.000 : 7,8 = 974.358,97 dm^3

Altura del paralelepípedo:

974,35897 m^3 : 15.600,01 m^2 = 0,0624588 m, o bien 6,24 cm.

Problema 49:

En la conferencia de Berna de 10 de mayo de 1886 se fijó el ancho de las vías de los ferrocarriles en **1,435 m** entre los bordes interiores de los raíles; este ancho puede llegar a 1,465 m en las curvas.

En España, Portugal y Argentina, el ancho de las vías es de 1,676 m, y en Rusia de 1,524 m.

1,435 m era la distancia entre las ruedas de las diligencias inglesas, que fueron los primeros vehículos de tracción que circularon sobre las vías férreas inventadas por Stephenson.

También hemos heredado de los ingleses la circulación de los trenes por la izquierda, tradición británica que se remonta a los tiempos en que los caballeros iban por este lado para evitar el choque de las espadas que llevaban a la izquierda.

Problema 50:

Se trata de un falso problema para ingenuos.

No hay que sumar 27.000 + 2.000 um, ya que las 2.000 um están comprendidas en las 27.000 um.

Las 27.000 um se reparten así:

25.000 um para el dueño del hotel y 2.000 para su empleado.

Problema 51: ━━━━━━━━━━━━━━━━━━━━━━━━━━━

Lo que requiere tiempo es el intervalo entre cada tañido, no el tañido en sí que es instantáneo.

Cuando dan las 4:00, se producen 3 intervalos. Si tarda 3 segundos, significa que cada intervalo dura 1 segundo. Cuando suene a mediodía, se producirán 11 intervalos. Desde el primer al último tañido transcurrirán:

$$1 \text{ segundo} \times 11 = 11 \text{ segundos}$$

Problema 52: ━━━━━━━━━━━━━━━━━━━━━━━━━━━

El intervalo exacto entre dos superposiciones de las manecillas es de 12h : 11 =1h 5 min 27 s y 3/11.

La manecilla grande no alcanzará a la pequeña hasta transcurridos una hora, 5 min, 7 s y 3/11.

La superposición de las manecillas se produce a:
mediodía

1	h	5 min	27 s	3/11
2	h	10 min	54 s	6/11
3	h	16 min	21 s	9/11
4	h	21 min	49 s	1/11
5	h	27 min	16 s	4/11
6	h	32 min	43 s	7/11
7	h	38 min	10 s	10/11
8	h	43 min	38 s	2/11
9	h	49 min	5 s	5/11
10	h	54 min	32 s	8/11
11	h	59 min	59 s	11/11 o 12 h (medianoche).

Así pues se producen 10 superposiciones entre mediodía y medianoche. Y 1 h 5 min 27 s 3/11 : 2 = 32 min 43 s 7/11 después de la superposición de las manecillas se alinearán de forma opuesta. Si el reloj dispone de segundero (manecilla que da la vuelta a la esfera en 1 minuto), las tres agujas sólo se superpondrán a mediodía y a medianoche.

Problema 53:

Problema 54:

Partiendo de A para ir a B, se prevén dos paradas, en C y en D.

C se encuentra a 200 km de A; D está a 333,33 km de C; B se halla a 466,66 km de D.

Deben realizar seis viajes.

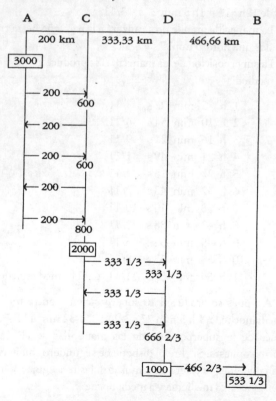

- 1er viaje. De los 1.000 plátanos cargados, consumen 200 a la ida, entregan 600 y consumen otros 200 a la vuelta.
- 2° viaje. Igual al primero.
- 3er viaje. De los 1.000 plátanos cargados, consumen 200 a la ida y entregan 800 en C. En ese momento ya hay 2.000 plátanos en el punto C.
- 4° viaje. 1.000 plátanos cargados; 333 1/3 consumidos a la ida, 333 1/3 entregados en D y 333 1/3 consumidos al regreso.
- 5° viaje. 1.000 plátanos cargados; 33 1/3 consumidos a la ida y 666 2/3 depositados en D.
- 6° viaje. De los 1.000 plátanos transportados, 466 2/3 son consumidos a lo largo de los 466,66 km y entregan 533 1/3 en B.

Respuesta: 533 plátanos 1/3 llegan al final del recorrido.

Problema 55: ▬▬▬▬▬▬▬▬▬▬▬▬▬▬▬▬▬▬▬▬▬▬▬

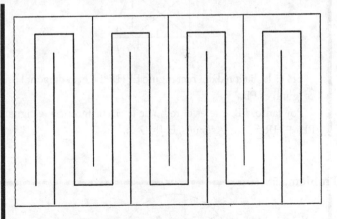

La tarjeta mide 128 mm por 82 mm. Dibujar en la tarjeta el trazado que aparece en el dibujo de arriba (ancho 8 mm) y recortarla siguiendo las líneas.

Problema 56: ▬▬▬▬▬▬▬▬▬▬▬▬▬▬▬▬▬▬

El triángulo ABC no puede existir ya que:
$$AB + AC = 13\,m + 18\,m = 31\,m$$
y la base BC mide $15,50 \times 2 = 31$.

Si doblamos AB y AC sobre la base, estas líneas se confunden con la base. Es un triángulo llano.

Se puede estimar que AD, doblado sobre BC, mide $15,50\,m - 13\,m = 2,50\,m$.

Problema 57: ▬▬▬▬▬▬▬▬▬▬▬▬▬▬▬▬▬▬

Olvidémonos de Pitágoras y de su teorema: no nos sirven.

Consideremos una cuarta parte de la figura:

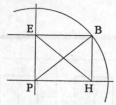

EH es la diagonal del rectángulo EBHP. La otra diagonal (que es igual) es PB.

Por tanto, PB, que es el radio de la circunferencia, es igual a PH + HR = 7 m. Así pues, EH = 7 m.

Problema 58: ▬▬▬▬▬▬▬▬▬▬▬▬▬▬▬▬▬▬

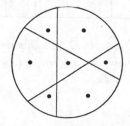

Problema 59: ▰▰▰▰▰▰▰▰▰▰▰▰▰▰▰▰▰▰▰▰

Se trata de un falso problema, que tiene infinidad de soluciones. La altura en que se cruzan las estacas (1,20 m del suelo) es un dato inútil que nada tiene que ver con la anchura del pasillo.

Hagamos girar la figura un cuarto de vuelta y unamos A y D.

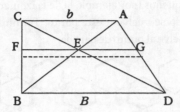

Obtenemos un trapecio rectángulo cuyas bases miden 3 y 2 m. Las diagonales se cruzan en E.

La recta FG es la media armónica entre AC y BD, y el punto de intersección E está en el centro de la recta FG.

FG no es la media aritmética de las bases

$$\left(\frac{B + b}{2}\right)$$ representada en línea de puntos.

La media armónica de las bases, es decir FG, puede obtenerse de dos maneras:

1º $\dfrac{2}{\dfrac{1}{B} + \dfrac{1}{b}}$ o bien $\dfrac{2}{\dfrac{1}{3} + \dfrac{1}{2}} = 2,40 \text{ m}$

2º $\dfrac{B \times b}{B + b} \times 2$ o bien $\dfrac{3 \times 2}{3 + 2} \times 2 = 2,40 \text{ m}$

Estando E en la mitad, tenemos FE = EG = 1,20 m.

Tanto si el pasillo mide 0,50 m o 2 m o 4 m de ancho, estacas de 3 m y 2 m se cruzarán siempre a 1,20 m del suelo.

Problema 60: ■■■■■■■■

Este arabesco se ha trazado con dos líneas cerradas. Estas líneas se cruzan en 24 puntos, marcados con pequeños círculos.

No importa por donde se inicie el trazado. Basta con no cruzar una (y sólo una) de las intersecciones marcadas con los círculos pequeños (por ejemplo la de la izquierda) y evitar cruzarla cuando se vuelve a este punto. Terminado el doble circuito, se vuelve al punto de partida.

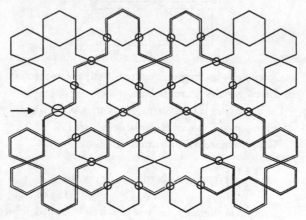

Problema 61: ■■■■■■■■

Doblar la hoja en dos. Marcar AB = CD.
Cortar por BC

Problema 62: ■■■■■■■■

Doblar la hoja en dos. Cortar siguiendo la diagonal AB.

Resultado:

Problema 63:

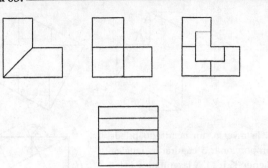

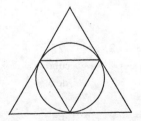

Problema 64:

Los dados giran en sentido dextrórsum. Por tanto, en el último dado sólo puede faltar el 1.

(En un dado, la suma de las dos caras opuestas da siempre 7).

Problema 65:

El triángulo pequeño es la cuarta parte del grande, deducción fácil si hacemos girar 180º el triángulo pequeño.

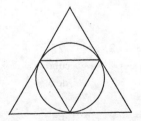

Problema 66:

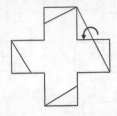 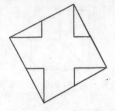

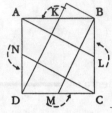

A la inversa, un cuadrado puede proporcionar 5 cuadrados iguales. Siendo K, L, M, N las mitades de los lados del cuadrado ABCD, cortar siguiendo las líneas KD, LA, MB y NC. El cuadrado central es el equivalente de uno de los 4 cuadrados obtenidos uniendo, siguiendo las flechas, trapecios y triángulos rectángulos que giran sobre K, L, M y N. De igual modo, un cuadrado puede proporcionar

10 cuadrados $(3^2 + 1)$ o 17 cuadrados $(4^2 + 1)$

1/3

1/4

o 26 cuadrados $(5^2 + 1)$ o 37 cuadrados, etc.

Problema 67:

Juego de cubos

a)   25   +   2   =   27
     cuadrado   cubo
     de 5   de 3

b) 8^2 = 4^3 →   64
       27^2 = 9^3 →   729
       64^2 = 16^3 →   4.096

c) $1^3 + 2^3 + 3^3 = (1 + 2 + 3)^2 \rightarrow 36$

A condición de que el primer cubo sea el cubo de 1, la fórmula puede aplicarse a toda la serie hasta el infinito.

Problema 68:

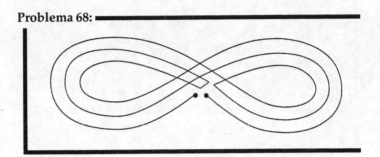

Índice analítico

A

abeja (panal de), 103
acido úrico, 168
adivinar un número, 33, 56, 57
agrimensores egipcios, 215
agua (ebullición del), 171
ajedrez (el juego de), 88
alambre alrededor de la Tierra
  (prob. del), 159
albúmina, 168
alfabeto binario, 19
alta vigilancia, 158
alternancia (de copas), 65
alternar objetos de dos clases,
  207
altitud, 141, 158, 171
anciano y sus hijos (prob. del),
  138
ángstrom, 85
ángulo áureo, 223
ángulo recto, 215
año 2000, 198, 207
año largo, 162
año luz, 150, 167
año trópico, 167
antepasados, 212
anticuario (prob. del), 132
antimeridiano, 179

apretones de manos, 116
apuesta doble, 122
apuesta ganada, 207
arabesco (prob. del), 241
Armstrong sobre la Luna, 137
asteroides, 151
astrología, 163
astronomía, 149
astros, 149
atmósfera, 169, 208
attómetro, 85
averiguar el día de la semana,
  192-198
Avogadro (número de), 167

B

balas de cañón, 99
banco (personas en un), 114
barrera del sonido, 146
bases de numeración, 13-14
binario, 13-14, 72
blanco y negro, (prob. en), 61
bolas en un cuadrado (prob. de),
  99
bolas, 103-107
botellas de vino (prob. de las), 79
braza inglesa, 205
braza, 81, 205

bridge (manos posibles en el), 117

Buffon, 227

burbujas, 103

C

cabellos, 23

cable, 205

cadena (ventas en, o pirámide), 89

cadena a reconstruir (prob. de la), 130

calcetines (prob. de los), 62

calculador prodigioso (juego del), 112

calculadora (obtener 12345678 en una), 74

cálculo mental, 127

calendario gregoriano, 157, 183

calendario juliano, 157, 182

calendario lunar, 154

calendario musulmán, 187

calendario republicano francés, 186

calendarios, 181

callejones sin salida, 79

cambio de fecha, 179

camellos (prob. del reparto de los), 138

camellos y plátanos (prob. de), 203

camino hacia el infinito (el), 96

carrera de caballos, 114, 117, 118-119, 123

Celsius, 169-171

centro de Europa, 165

cero absoluto, 167

cero, 20

Chuquet (Nicolás), 9

ciclo solar, 201

100 (a la caza del), 19

ciencia de los números (la), 13

cifras árabes, 20

cifras romanas, 27

cima (la más elevada), 163

circo, 234

circuito, 259

circulación por la izquierda, 288

círculo (superficie del), 263

circunferencia, 225, 263

cocientes curiosos, 66

cocientes periódicos, 54

código a descifrar, 119

código digital, 119

colesterol, 168

colillas (prob. de las), 50

coma, 20

combinaciones, 117

comensales en permutación, 230

comida de los tres amigos (la), 76

cómputo, 200

Comuna de París, 187

constante musical, 168

constantes biológicas, 168

constantes físicas, 167

contar para ganar, 252

convención, 186

conversión de temperatura, 170-171

Copérnico, Nicolás, 149

Coriolis, 245

corredor veloz, 146

cruz (prob. de la), 21, 257

cuadrado sin magia, 48

cuadrados (prob. de los), 96
cuadrados curiosos, 93
cuadrados mágicos, 37-48
cuadrados y cubos (prob. de los),
257
cuadrados, 51, 63, 95, 97, 99,
100, 103, 107, 257, 280, 290
cuarteto en desorden (carreras
de caballos), 125
cuarteto en orden (carreras de
caballos), 124
cubo mágico, 46
cubos, 107, 257
cuentas claras (las), 76
cuerpo humano, 212, 214, 222
custodia del fortín (la), 44

D

dados (prob. de los), 245
decimales, 129
demografía, 209
denominador (reducción a un
mismo), 53
densidad de la población, 209
deriva de los continentes, 162
descomposición de un número
en factores primos, 75
dextrórsum, 244
día de la semana (para averiguar
el), 192 y ss.
día y noche, 171
diagonal interior, 103
diapasón, 169
diestro, 244
diferencia de cuadrados, 97
dinero (el), 131
Diofanto, 9, 216

dirección, 24
directo (sentido), 244
distancias marinas, 205
dividir, 50
divisibilidades, 68, 73, 129, 257
división curiosa, 103
división de cociente compuesto,
174
domingo, 203
dominós (juego de los), 73
duración del día, 172
Durero, 38

E

eclipses, 157
edad (adivinar la), 30, 121
edad de la Galaxia, 92
edad de la Tierra, 159
edad del padre y del hijo (prob.
de la), 137
electrón, 30, 141
encadenamiento, 130
entretenimientos, 237
epacta, 201
equinoccio, 182
era cristiana, 181
Eratóstenes, 69
escape (velocidad de), 167
esfera rodeada, 159
espectáculo de caballos (prob.
del), 123
espiral de número áureo, 223
esqueleto, 213
estrella mágica (Superstar), 47
estrella, 47, 150
Euler, 44, 69
Europa, 102, 165

éxitos y fracasos, 113
explorador perdido (prob. del), 161
exponente, 93
extracción de la raíz cuadrada, 100

F

factores primos, 75
factoriales, 114
factorización de números, 263
Farenheit, 170
femtómetro, 85
Fermat, 44, 69, 215
fermi, 85
ferrocarril (raíles del), 167
Fibonacci, 111, 221
fichas, burbujas y bolas, 103
fiestas religiosas, 201-202
fin del mundo (el), 90
Fort (poema de Paul 161
fracciones, 53, 55, 60, 129

G

galaxias, 150
Galileo, 149
genealogía, 212
geometría, 215
Gérard de Nerval, 223
glóbulos, 168
glucosa, 168
googol, 22
gran estropicio (el), 78
granos de arena, 23
guantes (prob. de los), 62

H

hégira, 181
hematíes, 168
hercio (Hz), 234
hexágono mágico, 46
hora de verano, 178
hora, 160, 174, 176
horizonte (distancia del), 206
hotel (prob. de los amigos en el), 173
hotentotes (sistema de numeración de los), 19
huesos, 13
huevos (prob. de los), 61
humanidad, 211, 232-233
husos horarios, 176, 179, 180-181

I

impar y par (número), 51
indicción romana, 200
infinito (el camino hacia el), 96
infrasonidos, 234
inicio de la semana, 204
inicio del año, 182-208
intereses bancarios, 132
intereses compuestos, 135-136
intereses simples, 134
inversiones, 134
inversos de números, 262-269
irracional (número), 220, 228

J

jardinero (prob. del), 224
jarrones (prob. de los), 132

Jones, W., 225
juego de adivinar la edad, 121
juego de los dominós, 73
juego de los números par e impar, 51
juego de Marienbad, 50
juego del calculador prodigioso, 112
juego del cuadrado sin magia, 48
juego del papel plegado, 89
juego del Toc-Bum, 25
juego: a la caza del 100, 19
juego: averiguar la edad, 30
juegos de cartas, 246-252
juegos de suma y de resta, 35-37
Júpiter, 151-152, 178

K

Kelvin, 81, 167, 171
Kéops, 230

L

la del diapasón, 168
latitud, 175-176
legua marina, 205
Leibniz, 15, 30, 69, 227
lepisma, 28
letra dominical, 200
leucocitos, 168
líneas continuas, 237
longitud, 175
lotería primitiva, 119
lucas, 44
Luna 137, 149, 152, 154
lunar, calendario, 154
lunes, 204

M

mach (número de), 146
macromedidas, 149
Magallanes, 180
Maratón, 147
marina, milla, 205
marina, legua, 205
marinas, medidas, 205
Marienbad, 50
Marte, 151-152
masa, 140, 141, 210
matemagia, 246
máximo común divisor, 77
media aritmética, 76
media armónica, 76, 293
media geométrica, 76
media proporcional, 76
medidas marinas, 205
medidas (muy grandes), 149
medidas (muy pequeñas), 84
Mercurio, 151, 152, 169
meridianos, 175
mesa (comensales en torno a una), 114
metro (el), 81
micrómetro, 84
mile (milla), 144
milenios, 190
milla, 144
milla marina, 205,
millardos, 25, 59
millones, 26
minimedidas, 84
mínimo común múltiplo, 78
Miríadas, 26
modelo reducido del sistema solar, 153

muerte de los dos profesores, 241

multiplicación árabe, 62
multiplicación curiosa, 52
multiplicación rusa, 64
multiplicar, 50, 51

N

nanómetro, 85
Napier, 20
navegación, 204-206
Neptuno, 151, 152, 162
nombres de los planetas, 151
norte (hallar el), 160
nudos (velocidad en), 145
numeración binaria, 15
numeración de las casas, 24
numeración vigesimal, 13
numeraciones, 13, 15
número 142.857 (el), 51, 54
número áureo, 201
número áureo del cómputo, 201
número búdico, 33
número compuesto (cálculo de un), 174
número curioso, 30, 53, 174
número de Avogadro, 167
número irracional, 220, 228
número perfecto, 72
número trascendente, 228
números (grandes), 30
números (pequeños), 30
números cruzados, 257
números primos, 70
números testarudos, 52

O

observatorio de Greenwich, 176
observatorio de París, 177, 199
once (multiplicar por), 128
onda de choque, 146
operaciones con fracciones, 60-61
operaciones piramidales, 58
operaciones, 30
ordenadores, 15-16

P

palabra más larga, 256
papel plegado, juego, 89
papeles (formato de los), 110
paralelos, 175
parejas reales, 246
pares e impares (números), 51
París (calles de), 25
París (los metros de), 81
París (meridiano de), 204, 205
Pársec, 150
Pascua (fecha de la), 201
pasillo vallado, 233
peatón y ciclista, 142
pequeñas medidas, 84
pequeños números, 23
periódicos (cocientes), 54
permutaciones, 113
pesadas, 139 y ss.
phi, 220
pi, 225
piano, 235
picómetro, 85
pie, 81

piezas de moneda falsas (prob.
de las), 141
pirámides, 99, 231, 232
pista, 234
Pitágoras (tabla de), 51
Pitágoras, 215
pizza con aceitunas (prob. de la),
230
planetas, 149
plaquetas, 168
plegado de papel, 89
pesos, 139 y ss.
Plutón, 151, 152, 162
población mundial, 209
Poncelet, 238
póquer (manos posibles en el),
116
porcentajes, 129, 131
potencias, 81
presciencia, 52
presión atmosférica, 169
primitiva, lotería, 119
problema de figuras geométricas, 146
problema de la cruz, 21
problema de la torre de Hanoi,
92
problema de pesos, 141
problema del 1 al 100, 36, 68
problema del insecto en los libros, 28
problemas en blanco y negro, 61
producto = suma, 84
productos curiosos, 52, 54-56, 95
productos pares e impares, 51
profecías, 33, 34, 162, 233
profeta (juego del), 250
progresión aritmética, 86

progresión geométrica, 87
progresiones, 109
Ptolomeo, Claudio, 159, 226
pulgada, 81
pulsaciones, 118

Q

Quinteto (carreras de caballos),
126-127

R

raíces cúbicas, 263 y ss.
raíles del ferrocarril (separación
de los), 167
raíz cuadrada, 100-101, 262 y ss.
razón, 86
Réaumur, 171
reloj (prob. de las agujas del),
180
reparto de superficies (prob.
del), 244
resultado tenaz, 59
retardo de la rotación terrestre,
198
retrógrado (sentido), 244
riesgo y suerte, 119
romanas (cifras), 26
rotación terrestre, 198, 245
rusa, multiplicación, 64

S

salida del sol, 173
saros, 158
satélites de los planetas, 150-
151, 178

Saturno, 151, 152, 178, 232

secuencias, 109

secuencias lógicas, 109-110

sedimentación (velocidad de), 168

segundo, 84, 180, 198

semana (inicio de la), 203

serie de Fibonacci, 111

Shanks (William), 212

siglos, 190

siniestro, 244

sinitrórsum, 244

sistema binario, 15-17

sistema decimal, 25

sistema duodecimal, 15

sistema sexagesimal, 15

sistema solar, 151

Sol, 149

solar, ciclo, 201

solsticio, 171

soluciones a los problemas, 271

suerte y riesgo, 119

suma, 30

suma de cuadrados, 99

suma de cubos, 108

suma de números, 35

suma de potencias, 96

sumas curiosas, 46

superstar, 47

sustracción, 27, 39

T

tabla de números del 1 al 100, 262-269

tabla de Pitágoras, 51

tabla del 9, 59

tablas de multiplicar, 51

tapices (problema de los), 140

tarjeta de visita (pasar la cabeza por una), 215

telepatía, 249

temperaturas, 170

tensión arterial, 168

teorema de Fermat, 216-217

teorema de Pitágoras, 215, 218

terceto en desorden (apuestas de caballos), 117, 123

terceto en orden (apuestas de caballos), 117, 118, 123

termómetros, 169

tiempo (medida del), 179

Tierra, 30, 141, 149, 151

tijeretazo, 241

Toc-Bum, juego del, 25

tonelada de arqueo, 205

tonelaje de barcos, 205

torneo deportivo, 114

torre de Brahma, 91

torre de Hanoi, 92

torre Eiffel, 165-166

transferencias, 93

trascendente (número), 228

trazado continuo de figuras, 237

treinta y nueve cifras, 71

tres veces siete, 248

triángulo mágico, 47

triángulos equiláteros (prob. de los), 252

trombocitos, 168

U

ultrasonidos, 234

unidad astronómica, 150, 167

unidad X, 85

universo, 149
Urano, 151
urea, 168

V

vagabundo y sus colillas (el), 50
variaciones, 118
velocidad de escape, 167
velocidad de la luz, 167
velocidad de sedimentación, 168
velocidad del Sol, 153
velocidad del sonido, 167
velocidad en nudos, 145
velocidad media, 139
velocidades, 139 y ss.
Venus, 151-152
Verano, horario de, 178
Verrazano (puente), 166
vía pública, 24

viaje alrededor de la Tierra, 179
vibraciones, 234
visibilidad del horizonte, 206
vitrubio, 219
voz, 235
vuelta alrededor del mundo, 161

W

Wegener (Alfred), 162
Wiles (Andrew), 215

Y

yoctómetro, 85

Z

zeptómetro, 85

Bibliografía

ADLER, L., *Nombres et Figures,* Les Deux Coqs d'or.
— *Annuaire du Bureau des longitudes,* Gauthier-Villars.
BASILE, J., *Cent Problèmes de mathématiques amusantes,* Marabout.
BERGAMINI, P., *Les Mathématiques,* R. Laffont.
BERLOQUIN, P., *Cent Jeux numériques,* Livre de Poche.
— *Cent Jeux géométriques,* Livre de Poche.
BOUCHENY, G., *Curiosités et Récréations mathématiques,* Larousse.
COLEURS, E., *De la table de multiplication à l'intégrale,* Flammarion.
— *Éphémérides astronómiques,* Masson.
GAMOW, G., *Un, dos tres, infinito...,* RBA Coleccionables, 1993.
GARDNER, M., *Ajá paradojas,* RBA Coleccionables, 1994.
— *Los acertijos de Sam Loyd,* Zugarto Ediciones, 1992.
— *El ahorcamiento inesperado y otros entretenimientos matemáticos,* Alianza Editorial, 1991.
— *Carnaval matemático,* Alianza Editorial, 1995.
— *Festival mágico-matemático,* Alianza Editorial, 1994.
— *Matemática para divertirse,* Zugarto Ediciones, 1994.
— *Nuevos pasatiempos matemáticos,* Alianza Editorial, 1996.
— *Viajes por el tiempo y otras perplejidades matemáticas,* RBA Coleccionables, 1994.
LAISANT, C.-A., *Initiation mathématique,* Hachette.
OGILVY, C. S. Y ANDERSON, J. T., *Excursions dans la théorie des nombres,* Dunod.

WARUSFEL, A., *Las matemáticas modernas*, Ediciones Orbis, 1988.

— *Les nombres et leurs mystères*, Le Seuil.

— «Facteur X», artículo de prensa.

— «Maths et Malices», artículo de prensa, A. C. L. Édition.

— Quipos, órgano de la Mensa.

«Muchas
observaciones
perspicaces. (...)
Aydon nos guía muy
inteligentemente
por la historia de la
ciencia».
BBC HISTORY MAGAZINE

Cyril
Aydon

Historias
curiosas de la
ciencia

Todo lo que
deberíamos saber
sobre el mundo
y el universo

swing

¿Qué son los relojes exactos, el Big Bang o el cinturón de Kuiper? ¿Cuáles han sido los terremotos más importantes de la historia? ¿Cómo se forma el arco iris? ¿Qué es el efecto Doppler? ¿Cómo se calcula el número pi? ¿Cómo y cuándo nació el calendario grecorromano? ¿Cuántas estrellas hay en el firmamento?

CYRIL AYDON nos cuenta todo lo que deberíamos saber sobre el mundo y el universo, pasando revista a algunos de los hechos más sorprendentes que los científicos han descubierto a lo largo de 2.000 años. Una gran diversidad de temas explicados de manera clara y divulgativa, a base de pequeños artículos, como si de un diccionario enciclopédico se tratara. Desde el firmamento, la Tierra, la masa y la energía o los grandes científicos de la historia hasta la astronomía, la expansión del Universo, las placas tectónicas o el genoma humano.

ISBN: 978-84-96746-32-9

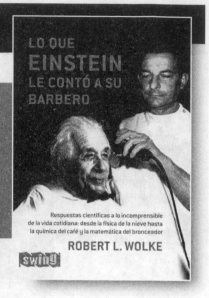

divulgación

LO QUE
EINSTEIN
LE CONTÓ A SU
BARBERO

Respuestas
científicas a los
misterios de la
vida cotidiana

¡¡Un gran éxito
de divulgación
científica!!

Respuestas científicas a lo incomprensible
de la vida cotidiana: desde la física de la nieve hasta
la química del café y la matemática del bronceador

ROBERT L. WOLKE

swing

Robert L. Wolke nos ayuda a desentrañar y comprender cientos de fenómenos con los que convivimos a diario. Con explicaciones amenas y rigurosas, el autor nos ayudará a descubrir las «verdades» de nuestro universo físico inmediato.

¿Por qué dirige el fuego sus llamas hacia arriba? ¿Pueden los campesinos reconocer por el olfato la proximidad de la lluvia? ¿Por qué los espejos invierten la derecha y la izquierda pero no el arriba y abajo?

ROBERT L. WOLKE es profesor emérito de química en la Universidad de Pittsburg (EE.UU.) donde lleva a cabo proyectos de investigación en los campos de la física y la química. Educador y prestigioso conferenciante, Wolke es muy conocido por su capacidad para facilitar la comprensión y el disfrute de la ciencia. Entre sus publicaciones destacan *Lo que Einstein contó a sus amigos*, *Lo que Einstein le contó a su cocinero (1 y 2)* y *Lo que Einstein no sabía*, publicados por Ediciones Robinbook.

ISBN: 978-84-96746-21-3

divulgación

Jorge Blaschke

LA REBELIÓN DE GAIA

La verdad sobre el cambio climático

INÉDITO

swing

¿Qué podemos hacer para salvar la Tierra?

¿A qué nos enfrentamos cuando hablamos del cambio climático?

La sexta extinción está cerca. Son muchos los científicos que lo afirman: ciclones, tornados, huracanes, tsunamis, olas de calor, enormes sequías…

Libre del peso de intereses políticos, empresariales o económicos; sin multinacionales a su espalda filtrando la conveniencia o no de reflejar los datos que encontrará el lector en estas páginas, Blaschke recopila ante sus ojos la verdad desnuda, con explicaciones científicas inteligibles. Es la lucha de todos.

JORGE BLASCHKE fue premio Nacional de Periodismo en 1982. En su dilatada carrera ha sido corresponsal del diario *El País* y director de algunos de los más renombrados programas radiofónicos que han hecho historia. Ha escrito más de cuarenta libros de investigación, entre los que destacan *Éstos mataron la paz* o *Vendiendo a Dios*, publicados en Ediciones Robinbook.

ISBN: 978-84-96746-19-0

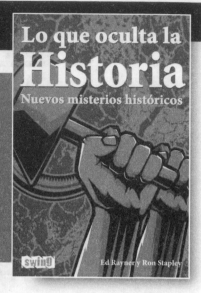

Grandes enigmas

Lo que oculta la
Historia
Nuevos misterios históricos

Nuevos descubrimientos que desvelan secretos de la Historia.

Un fascinante viaje para desentrañar grandes enigmas.

swing

Ed Rayner y Ron Stapley

En las investigaciones de este exitoso libro, los entusiastas de la historia Ed Rayner y Ron Stapley dan respuesta a multitud de enigmas históricos, inquietantes misterios y pertinaces rompecabezas.

Estos incansables buscadores de mitos cubren temas y acontecimientos mundiales que van desde los jóvenes príncipes de la Torre de Londres y la muerte de Hitler hasta el primer hombre que pisó la Luna. Sus inquisitoriales indagaciones también los llevan al reinado de aquellas leyendas populares que se basan en la Historia, así pues, con ellos podemos saber quién fue de verdad Blancanieves, y si realmente vivió con… los siete enanitos.

Este libro es ideal para quienes les gusta tener las cosas claras y llegar al fondo de las cuestiones. *Lo que oculta la Historia* revela todo lo relacionado con el hundimiento del Lusitania, las artimañas de Howard Carter, la muerte de Napoleón en Santa Elena o cuál es el verdadero secreto de los manuscritos del Mar Muerto.

ED RAYNER y RON STAPLEY imparten clases de Historia moderna en la universidad. Además, han sido los principales examinadores de Historia para la London Board y la AEB. Las publicaciones de Ed Rayner incluyen *International Affaire*, libro crucial de la serie *History of the Twenieth-Century World*. Ron Stapley es el autor de *Britain* 1900-1945.

ISBN: 978-84-96746-29-9

divulgación

Los
ERRORES
de la
HISTORIA

Fracasos, equívocos y deslices históricos

La mejor
selección
de anécdotas
históricas y
errores
sorprendentes.

ROGER
RÖSSING

Errar es humano, por eso no es de extrañar que la historia de la humanidad esté salpicada de pequeños y grandes errores. Roger Rössing nos presenta un libro ameno y entretenido, repleto de historias curiosas y sorprendentes, todas ellas caracterizadas por relatar situaciones que han devenido trascendentales en la evolución del mundo.

¿Se equivocó Colón en sus cálculos? ¿Por qué sonríe la Mona Lisa? El zar Alejandro II y la "venta" de Alaska. Franklin y la invención del pararrayos. ¿Era Rudolf Hess un mensajero de la paz? El ataque a Pearl Harbor: un cúmulo de despropósitos. El viernes negro de Wallstreet.

ROGER RÖSSING nació el 1 de marzo de 1929 en Leipzig. Fue uno de los más famosos fotógrafos de la Alemania del Este y autor de numerosos libros de no ficción que escribió junto a su mujer Renate. Murió el 10 de abril de 2006.

ISBN: 978-84-96746-10-7

divulgación

LOS
NOMBRES
Su significado y su influencia secreta
sobre el carácter y el destino
EMILIO SALAS

El más amplio
diccionario
de nombres propios
nunca publicado

swing

Este amplio diccionario de nombres propios permite al lector profundizar en el conocimiento del significado, los antecedentes y el anecdotario que rodean a la mayoría de los nombres de persona conocidos y lo que se oculta detrás de ellos.

EMILIO SALAS es un polifacético investigador y escritor. Entre sus libros destacan *El poder de las pirámides*, *El arte de echar las cartas (Cartomancia española* y *Cartomancia francesa y anglosajona)* y sus dos best-séllers, *El gran libro de los sueños* y *El gran libro del tarot*, ambos considerados ya como obras de consulta imprescindible.

ISBN: 978-84-96746-14-5